Golgeun Facial contour Care

목적형 피부관리 실습

한국피부관리법 (골근)

위수영 · 임은진 · 송연숙

메디시인

머리말

인간의 몸은 빠르게 변화하는 문명에 적응되지 않는 상태로 노출됩니다. 이 과정에서 인지되지 못한 수많은 스트레스와 스마트폰 사용 등으로 인해 체형은 물론 얼굴에도 불균형이 초래됩니다. 혹은 노화와 개인적 습관으로 눈, 코, 입에 불균형이 나타나 얼굴 전체적인 윤곽이 변형되는데, 이는 미관상으로도 불편할 뿐 아니라 내부의 혈행 및 골격의 전체적 변형이 초래될 수도 있습니다.

골근 피부관리는 눈, 코, 입을 비롯한 얼굴 균형을 잡아주고 얼굴선이 뚜렷하게 만들어줍니다. 또한 이는 의료적 수술이 아닌 피부관리를 통해 얼굴의 축소는 물론 윤곽과 균형을 잡아주는 원리로, 귀족형의 아름다운 얼굴 비율을 만들어주는 한국식 피부관리 방법입니다.

본서는 크게 이론편과 피부관리편으로 구성되어 있습니다.

이론편에서는 Chapter 1 골근 피부관리에서 골근 피부관리의 개념과 효과를 살펴볼 수 있으며, Chapter 2 해부생리학에서 인체의 피부와 근육, 골격에 대해서 이해할 수 있도록 하였습니다. 그리고 Chapter 3 관련 요법을 통해 골근 피부관리를 할 때 주로 사용하는 경락마사지와 림프마사지의 이론을 배울 수 있도록 하였습니다.

피부관리편에서는 Chapter 4 고객 상담 및 시술 전후 체크리스트를 통해 고객이 원하는 것을 파악하고 고객에게 더 알맞는 관리를 제공할 수 있도록 하고, Chapter 5 골근 피부관리의 실제와 고객 후기에서 실제 골근 피부관리를 사진을 통해 실습하고, 어떠한 효과가 나타났는지 또한 확인할 수 있도록 하였습니다. 마지막으로 Chapter 6 골근 피부관리의 전후 변화 측정에서는 최신기술을 사용한 정확한 측정으로 변화를 확인하는 방법을 배울 수 있습니다.

K-뷰티의 파급으로 인해 한국의 피부관리 방법이 전 세계적으로 인정받고 사랑받고 있는 시점에서 본서가 한국의 골근 피부관리 전문가로 거듭나기 위한 기초 교본이 되기를 희망합니다. 또한 이후 산업에서의 적용을 위해 더욱 발전되고 다양한 후기 활동이 이어지기를 기대합니다.

본서를 저술하는데 많은 학자들의 자료와 현장의 강사님들의 자료를 참고로 하였으며, 이를 인용함에 있어 미리 양해를 구하지 못한 부분이 있더라도 이해해 주시기 바랍니다. 특히 피부관리편에서 전후의 체험기를 실을 수 있도록 허락해주신 많은 고객분께도 감사의 마음을 전합니다. 향후에도 본서의 미흡한 점을 보완하여 좀 더 실천적으로 도움이 되는 피부관리 방법의 저서들이 출간되기를 희망하는 바입니다.

마지막으로 본 서의 완성을 위해 도움 주신 성하윤 실장님을 비롯한 위뷰티 가족들과 유원대학교 김혜지 교수님께 다시 한번 감사의 말씀을 드립니다.

임인년 만추에

대표저자 위 수 영

차례

Contents

Chapter 03 관련 요법

PART Ⅱ 피부관리편

Chapter 04 고객 상담 및 시술 전후 체크리스트

차례

Chapter 05 골근 피부관리의 실제와 고객 후기

Chapter 06 골근 피부관리의 전후 변화 측정

PART Ⅰ

이론편

Chapter 1

골근 피부관리

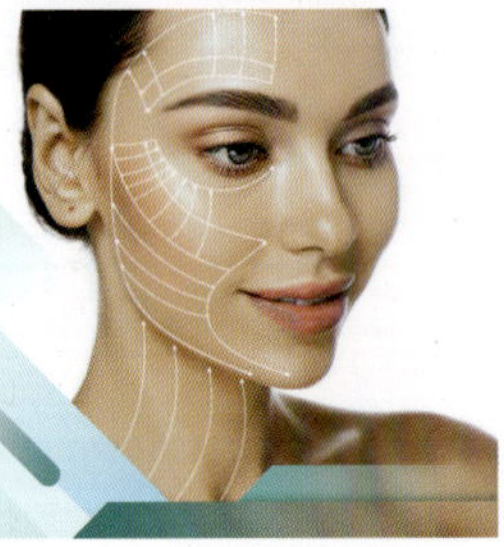

1. 골근 피부관리의 개념

'골근 피부관리'라는 용어는 뼈와 근육을 의미하는 골근骨筋; bone and muscle과 뼈와 근육 위에 있는 피부를 관리하는 방법을 의미한다. 골근 피부관리는 피부를 관리하여 피부 아래에 있는 근육학, 근육역학과 기전 및 동양의학의 경락학 이론을 기초 지식으로 하여 뼈와 근육 위의 피부를 부드럽게 관리하는 것을 의미한다.

이는 피부관리로 온열 작용을 하여 피부에 있는 신경계의 자극 전달로 감각신경과 운동신경을 통하여 몸속의 교감 및 부교감 신경의 활성화로 자율신경계의 조율에 탁월하며 피부에 있는 조직액이 활성화하여 모세 림프관 순환의 극대화 및 피부 조직액의 변화에도 탁월하여 피부에 쌓인 이물질 분해에 영향을 미쳐 건강한 세포 생성에 도움을 준다.

표피 아래 진피층에 축적되어 쌓여있는 노폐물 및 흐르지 못하여 울퉁불퉁한 피부가 매끄럽고 탄력있는 피부가 되며 자율신경계에 영향을 주어 내분비계 조율 및 균형에도 탁월하다. 움직임에 제한이 있는 피부의 움직임 제한이 풀리면서 피부 아래에 있는 근육에 영향을 미쳐 근육의 움직임 제한이 관리되며 근육이 감싸고 있는 뼈에도 온열이 미쳐 조직의 균형에 탁월하다. 이렇게 골근 피부관리는 피부 개선 및 얼굴 길이와 폭, 부피, 비율에 변화를 주고 좌우 비대칭 균형에도 영향을 준다.

또한, 규칙적인 골근 피부관리는 피부의 탄성을 높여주고 특히 얼굴의 경우 주름 형성을 예방하고 순환계, 신경계, 세포 활동, 근육조직 등을 강화시킨다. 일반 마사지는 근육과의 관계가 그 주요 대상이 되지만 골근 피부관리는 피부관리를 통해 골격과 골격을 감싸고 있는 근육과, 근육 속을 흐르는 신경과 경락 림프가 대상이 되는 것이 특징이다.

마사지massage란?

마사지는 고대로부터 몸이 아프거나 불편하거나 스트레스로부터 해방될 수 있는 가장 안전하면서 오랫동안 동서양을 막론하고 몸 스스로 치유하는 방법 및 자연 치유방법으로 일상생활에서 활용되어 왔다. 문명이 발달하여 온 고대 중국에서 행했던 중국 안마는 B.C. 3000년경부터 마사지가 시행되었다는 기록이 남아있으며, 아시아에서 유럽으로 전해져 B.C. 300년 전에 유럽에서 번창하였다.

인도에서는 일상생활에서 지켜야 할 덕목으로 식사, 운동, 목욕, Tschanpua목욕 시의 마사지를 B.C. 300년 〈The Laws of Manu or The Laws of Man〉에서 기술하였다. 20세기에는 현대의학의 치료법이 점차 약물이나 수술치료 등으로 다양화되면서 마사지는 점차 이용 빈도가 줄어들게 되었다.

1954년경 피부 관리의 효과를 높이기 위한 일종의 방법으로써 다양한 손동작을 이용하여 근육을 쓰다듬거나 문지르는 마사지 방법들이 사용되었다. 마사지는 오래전부터 간단한 의술의 형태로 발전되어 왔으며 흔히 이를 촉감의 예술이라고 한다. 마사지는 '촉진'과 '반응'이라는 두 가지의 상호 교환으로 에너지를 교류한다.

이는 손을 통해 촉감이라는 독특한 감각을 발견하고 지각하는 동시에 피부를 통해 느껴지는 내면적 기쁨과 접촉의 희열도 느끼게 한다. 마사지는 고대 의서에 언급한 바로 '치료법'의 한 형태이며 치료사, 철학자, 역사학자들의 기록을 보면 문지르거나, 기름을 바르거나 하는 형태로 역사를 통해 지속되어 왔다.

특히, 피부 탄력 저하, 피부 주름, 모세혈관 확장증, 임신 혹은 갑자기 살이 찔 때 생기는 튼살 및 셀룰라이트 증상에 효과적인데, 펌프 동작과 흡입 동작을 통해 혈액과 림프순환이 원활하게 이루어질 수 있게 한다. 이는 자율신경계에 영향을 주어 부교감신경을 안정시킴으로써 림프구 생산이 증가하여 영양불순이나 면역 능력 감소로 인해 상태가 나빠진 피부를 호전시키며, 민감한 피부 및 모세혈관 확장성 피부를 진정, 완화시켜 준다.

골근 피부관리는 미용적 변이의 원인을 장부의 부조화와 불건강함에서 기인한다고 본다. 따라서 신체와 얼굴, 피부의 상태에 따라 나타나는 문제점의 개선에 앞서 근본적으로 근골격과 피부의 조화를 이루는 것이 중요하다는 것에 초점을 둔다. 이에 골근 피부관리는 경락經絡학, 해부생리학을 기초 지식으로 관리하며 피부의 탄력도 생성된다.

대개의 경락 마사지의 경우 표피에 있는 경혈점 자극을 기본으로 하고 있지만, 골근 피부관리에서는 피부를 관리하여 피부 아래에 위치한 뼈, 근육의 기시부 및 정지부의 지식을 기초로 하여 피부관리 시 부드러운 테크닉으로 신전伸展[1]과 압착壓搾[2]을 통해 골격의 위치, 근육의 형태, 림프와 경락의 흐름과 신경의 분포를 이해하고 활용한다.

골근 피부관리는 부드럽고 천천히 피부를 관리하여 피부 심부에 온열이 영향을 주어 움직임의 제한이 있는 피부에 온열이 가해져서 피부 아래에 있는 근육 움직임의 제한이 풀어지면서 뼈에까지 영향을 주어, 얼굴과 체형의 회복 및 변화를 주는 관리이다. 또한, 모든 근육은 근막에 의해 둘러싸여 있는데, 근막이란 뼈, 신경, 내장 그리고 혈관에서 세포 수준에 이르기까지 전신에 펼쳐져 있는 결합조직이다.

그러므로 골근 피부관리에 의한 피부의 관리는 외상, 잘못된 자세, 염증 등으로 인한 비정상적인 압박을 자연스럽게 풀어지게 도움을 주어 신체를 정상적 형태로 보존시키고 생명 유지에 필요한 기관들이 올바른 위치에서 유지되도록 도와준다.

---

1) 늘여서 펼침

2) 꽉 잡아 틀어짐

경락經絡마사지

인체에는 일정하게 지나가는 점이 있으며 이 점을 이어가면 점과 선으로 이어지며 선으로 보여진다. 이 선은 손끝 발끝에서 시작하여 인체 정 중앙을 지나 손끝 발끝으로 이어지며 인체의 머리에서 발 쪽로 연결된다. 이렇게 연결된 선들은 몸속에 있는 5장6부와 시스템으로 연결되어 있으며. 이렇게 이어가는 큰 선을 우리는 경經이라 하고, 큰 선이 작은 선들과 밀접하게 연결이 되어 있는데 이 선을 락絡이라고 한다.

경락經絡은 장부와 시스템으로 밀접하게 연결되어 있으며 인체의 장부臟腑: 오장육부 기능이 서로 조화를 이룰 때는 건강하지만 그 조화가 깨지면 증상으로 나타나며 이를 방치할 경우 질병으로 이어질 수도 있다. 이러한 장부의 기능을 조절하는 에너지 순환계인 기氣와 혈血이 흐른다고 하는데, 이것을 경락이라고 한다.

즉 경락이란 경맥과 낙맥의 총칭으로 경맥은 기와 혈이 인체의 상하로 흐르고 있는 큰 줄기이고, 낙맥은 경맥에서 갈라져 나오는 지류를 의미하며, 장부에서부터 피부, 감각기관, 사지, 근육 등과 상호 관계하여 전신의 구석구석까지 그물망처럼 퍼져 있다. 따라서 낙맥을 마사지하는 것은 세부적인 그물들을 제대로 정리하는 것을 의미하며 이는 역으로 경맥의 원줄기를 정상적으로 보완시켜 주는 것을 의미한다.

경락은 사율신경계의 움직임이 정상으로 만들어질 수 있게 도움을 주며 신경계의 움직임이 정상이 되면 순환에도 영향을 미쳐 혈액 움직임의 제한을 돕고 호르몬 분비를 촉진시켜 주므로 모든 세포조직을 활발하게 하며, 전신에 에너지의 흐름을 개선시켜 저항력을 길러주고, 몸의 이상증상을 치유시키며 인체의 모든 기능을 활발하게 함으로써 건강상태를 유지시키는 데 영향을 준다.

경락마사지는 몸의 리듬을 바로 잡고 음양의 조화로 인한 화합의 마사지 요법으로 경혈에 정체되어 있는 혈을 관리하여 혈액순환을 원활하게 도움을 주며 정체되었던 노폐물을 잘 흐르게 해주어 혈액과 임파의 순환을 돕는다. 한의학적 시각에서 미용의 근본은 기혈을 자양하고 좋은 영양을 공급하는 데 있다.

기혈을 자양해주면 기혈이 충만해지면서 경맥의 소통이 원활해지고 이에 의해 피부가 윤택해져 얼굴을 젊고 아름답게 가꿀 수 있다. 즉, 인체의 건강한 아름다움과 피부의 노화예방은 경락의 자극을 통해서 이루어짐을 뜻한다.

2. 골근 피부관리의 효과

골근 피부관리는 피부에 오일을 바른 후 부드럽게 피부를 관리하여 피부에 온도가 들어오게 유도하는 피부관리 방법 중 하나로 골근 피부관리 후 약 1,000억 개에 달하는 신경세포가 촘촘히 모여 있는 뇌는 뇌척수와 함께 우리 피부가 느끼고 피부관리를 받아 원활하지 않은 피부에 있는 마이너스소체, 메르켈소체, 파터-파치니소체, 루피니소체, 자유신경종말, 열수용기, 냉각수용기, 에크린샘, 지방, 조직액, 지질액 등이 골근 피부를 관리하는 과정에서 각 부위별로 관리되며 뇌와 뇌척수와 더불어 골근 피부관리 시 느끼고 행하는 모든 것을 조절하게 되어 작은 얼굴, 탄력 넘치는 피부, 균형이 있는 피부 및 전신의 노화가 지연되는 효과를 볼 수 있다.

피부의 탄성을 받아 피부 아래에 위치한 근육의 움직임 변화가 정상화되어 기와 혈을 즉각적으로 통하게 하고 뼈 속 깊은 곳까지 온열 작용하여 빠른 통증 해소 및 순환를 돕고 인체의 자연 치유력을 극대화시키는데, 이는 근육학의 원리인 길항(拮抗)과 협력근의 작용 원리에 의한 것이다. 또한, 근육의 긴장을 도와 탄력성을 제고하여 피부 미용 효과와 세포 기능 활성화로 노화를 억제하고 지연시키는 효과가 있다.

중력은 인간이 직립보행을 하게 하는 강력한 힘을 가지고 있다. 직립보행을 하기 위해서는 중력에 대항하는 힘이 작용하는데 이 작용에 기능을 하기 위해 인체는 끊임없이 노력하며 정상적인 생활이 유지될 수 있게 항상성을 유지한다. 생활하는 방식이나 식습관 및 직업에 따라 인체는 변화를 하며 이렇게 하나의 비틀림이 생성되면 인체는 직립보행을 위해 다른 비틀림이 생성되고 끊임없이 변화되는 환경에서 항상성을 유지하기 위해 변화하게 된다.

이렇게 중력은 일상생활에서 인간의 근막은 물론 두개와 척추, 천골에 지대한 영향을 미치며 또한 노화 진행 과정과 더불어 근막이나 척추, 천골의 변화는 인체의 총체적 변화를 가져온다. 즉 인간의 신체는 중력의 영향과 근막의 제한으로 나타나는 체형변화와 그에 상응하는 골격의 물리적인 변형이 일어날 수 있다.

신체는 중력장에서 활동하는 유기적인 입방체로서 다방향의 입체적 구조로 이루어져 있으며 척추 코어(core)에 두 개가 축을 맞추어 배열하고 있어 상하, 좌우가 유기적인 기능에 의해 끊임없이 변화하고 있다. 어느 한 곳의 신체적 변화는 관련된 신체 부위가 균형을 맞추기 위하여 함께 변형되므로, 결국은 전신의 입방체 전체가 장시간에 걸쳐 유기적인 변화를 일으키게 된다. 특히, 여성의 경우 남성에 비하여 연약한 근막조직을 가지고 있는데, 출산과 같은 두드러지는 신체적 변화는 이후 체형의 변화에도 영향을 미치게 된다.

골근 피부관리는 피부에 노폐물이 멈추어 있는 부위에 피부관리를 통하여 부종과 노폐물을 잘 흘러갈 수 있게 하며 피부 표층에 가해진 자극이 자율신경을 활성화 해서 교감신경의 지배를 받고 있는 기름샘, 땀샘, 피부 체온, 동공에 영향을 주고, 한편으로는 교감신경 구심로를 거쳐 반사적으로 샘, 기관, 장기의 기능까지 조절하게 한다.

또한, 현대인들은 평소 극심한 감정의 변화와 스트레스로 인하여 근육이 과도하게 수축이 되면 급격한 피로를 느끼고 정신적인 불안감이 쌓이게 되어 신경계가 관장하고 있는 소화계, 순환계, 내분비계, 골격계 등 인체 대사의 모든 부분이 영향을 받게 된다.

골근 피부관리는 압박과 신전을 통해 뼈와 근육을 자극하는 것은 물론 근육 위를 지나가는 경락, 림프, 신경을 자극해 줌으로써 틀어져 있거나 벌어져 있는 골격이 제자리로 돌아가 인체 틀의 균형을 맞추고, 이로 인해 모세혈관의 순환이 원활해지며 대사 작용 촉진 및 심리적 안정을 만들어준다. 또한, 근육이 이완되면 교감신경과 부교감신경의 밸런스를 조절하여 정신적, 육체적으로 긴장된 인체를 이완시켜주고 스트레스를 해소시켜 신진대사의 기능을 원활하게 해준다.

림프마사지lymph massage

림프드레나쥐는 1932년 덴마크의 물리치료사 에밀 보더Emil Voder에 의해 시작된 물리치료 요법이자 피부 관리 수기요법으로 20세기 초반에 림프계의 존재가 새롭게 발견됨에 따라 의학 분야와 피부 관리 분야에 하나의 요법으로 제시된 방법이다.

심장 방향으로 가볍게 쓰다듬는 마사지가 빠른 증상 감소효과를 나타내는 것을 알게 되면서 림프계에 적용하는 MLDManual Lymph Drainage가 시작되었다.

체액의 순환을 도와주는 림프계는 림프관이 그물들로 구성되어 있으며, 심혈관계와 밀접한 관계를 가지고 있다. 림프관들은 조직의 세포와 세포사이의 공간에 있는 여분의 체액을 혈관으로 운반하는 역할을 하는데, 림프는 혈장성분과 비슷하고 백혈구, 효소, 항체를 함유하고 있으며 모세 림프관, 림프 집합관, 림프절, 림프관으로 구성되어 있다.

림프계는 정맥에 의해 제거되지 못하는 물질들을 대신 없애주는 역할을 하며, 순환 방향은 정맥방향으로 이동한다. 림프는 항체생성, 세포재생, 인체 면역기능 향상, 치유작용, 자율신경계가 부교감 신경을 자극, 긴장감을 완화시키고 림프액의 순환촉진, 림프세포의 증가로 인해 신진대사 개선, 면역기능을 강화한다.

림프드레나쥐는 혈관계와 유사하며 혈관계 중 정맥계에 해당되는 부속 순환계로 림프계에 근거를 두고 림프관과 림프절의 부위를 일정한 속도와 압, 리듬으로 마사지함으로써 정체되어 있는 조직액과 림프가 원활히 순환, 배출되도록 도와주는 마사지 방법이다.

림프관은 피부 윗부분에 피부표면과 아주 가깝게 있는 섬세하고 약한 관이므로 모세혈관까지 영향을 미치게 하는 보통 마사지 기법과는 달리 섬세하고 가볍게 해야 한다. 림프드레나쥐는 모든 종류의 감각수용기인 통각, 촉각, 압각 등을 자극하며, 수많은 조절기전을 통해 다양한 효과를 유발시키며 최적의 조직액 배출을 유도시킨다.

올바른 방향 유도 및 적절한 압력뿐만 아니라 압력 적용 시 어떤 방식으로 적용되는 지도 중요하다. 누르는 압력이 강할시 모세림프관이나 혈관이 짓눌리게 되므로 오히려 흐름을 방해하는 악영향을 미치게 된다.

근막동통증후군myofascial pain syndrome

현대사회의 변화는 매우 빠르게 변화하고 있다. 문명이 발달하는 만큼 인간의 신체 변화는 문명의 변화에 따라가지 못하며. 특히나 21세기의 현대인들은 외부 활동과 노동이 아닌 실내에서의 생활 및 스마트폰과 컴퓨터 작업환경에 많이 노출되어 있으며 스마트폰의 대중적 보급으로 인해 '근막[3]동통증후군'이나 '팔목터널[4]증후군'과 같은 증상이 확산되고 있다.

바르지 못한 자세에서 오는 물리적 스트레스뿐만 아니라 복잡한 실생활에서 오는 여러 가지 스트레스를 받게 되고 이러한 스트레스가 축적되면 근육의 긴장 상태를 가속화시키고 그로 말미암아 두통, 요통 등을 유발하게 되는데, 특히 목과 어깨에 두드러지게 나타난다. 이에 현대인들의 얼굴의 변화 및 틀어짐을 볼 수 있다.

근막동통증후군은 전신의 근육에서 나타날 수 있으나 주로 나타나는 발병 위치는 목, 어깨, 위팔, 허벅지 등으로 특히 어깨나 목의 통증을 주로 유발하므로 이러한 증상을 '목이 뻐근하면서 뒤통수가 당긴다.'고 표현하는 경우가 많다. 근막동통증후군은 경부 통증을 유발하는 가장 흔한 원인이며, 활동성 유발점trigger point에 의해 통증이 나타난다.

이는 갑작스럽게 근육에 스트레스가 가해지거나 근육이 과도하게 긴장한 결과, 조직이 손상되고 근육세포 내의 칼슘 농도 조절에 이상이 발생하는 것으로 근육의 일부분이 지속적으로 수축하면서 그 부위에 대사산물이 증가하여 축적되고, 그 결과 주위 혈관이 압박되어 혈류가 감소하는데 기인한다. 통증 유발점으로부터 척수로 들어가는 여러 신경섬유가 자극되어 연관통증referred pain[5]과 땀이 나거나 털이 곧추서는 자율신경 증상이 나타난다.

일반적으로 통증 해당 근육 부위를 사용하지 않으면 통증이 일시적으로 경감될 수 있으며 심하지 않은 경우에는 가벼운 마사지, 온열치료 등과 함께 휴식을 취하면 호전될 수 있다. 그러나 장기적으로 방치할 경우 습관성 통증으로 자리잡게 되며 해당 근육의 사용을 피하려다 보면 생활 자세나 행동에 불균형을 초래하게 된다.

---

3) 근육을 둘러싸고 있는 얇은 막

4) 손목 앞쪽 부분의 피부조직 밑에 손목을 이루는 뼈와 인대들에 의해 형성되어 있는 작은 통로로 여러 개의 힘줄과 손바닥으로 지나가는 신경이 있는 곳

5) 체내의 장기에 병적인 변화가 일어났을 때, 그 부위에는 통증이 나타나지 않고 그 장기와 떨어져 있는 피부표면의 특정 부위에 통증 또는 감각 과민이 느껴지는 것

팔목터널증후군carpal tunnel syndrome

팔목터널증후군이란 반복적이며 지속적으로 컴퓨터의 키보드나 마우스 사용, 스마트폰의 사용 등, 손의 과도한 사용으로 인해서 발생하는 반복성 긴장성 손상의 대표적인 질환이다. 이는 팔목터널이 좁아지면서 신경이 압박되어 나타나는 손바닥의 이상증세로 정중신경염 또는 수근관증후군이라고도 한다.

남자보다는 주로 성인 여성에게서 많이 나타나며 손가락이나 팔목을 많이 사용하는 키보드 사용자, 공장 노동자, 타이피스트, 피아노 및 바이올린 연주자, 이발사, 버스운전사 등의 직업을 가진 사람에게 생길 가능성이 많다.

초기 증상은 손가락과 손바닥의 엄지쪽 반 정도가 저리고 감각이 둔해지다가 손바닥 전체에 증상이 나타날 수도 있다. 더 진행되면 밤중에 손이 매우 저리고 아파서 잠을 못자는 경우가 자주 발생하고, 손을 흔들거나 주무르고 나면 다소 나아지기도 한다. 또한, 아픈 증상이 팔꿈치나 어깨 및 팔 전체로 확대될 수도 있다.

장기간 근육 긴장으로 인한 근육 변화 중 특히 목과 어깨 등 얼굴과 가까운 부위의 근육의 변화는 얼굴의 불균형을 유도하기 쉽다. 대표적인 현상으로는 얼굴 비대칭에서부터 심할 경우는 좋지 못한 인상을 형성하는데, 이는 직립보행에 대한 항상성을 유지하려는 인간의 끝없는 노력이다.

안면에는 많은 근육들이 분포하여 얼굴형의 이미지를 형성하고 안면골 또한 그 사람의 얼굴 형태를 결정짓는다. 뼈는 다른 조직과 마찬가지로 세포와 세포간질로 구성되어 있는데 세포 수에 비하여 세포간질의 양이 더 많고 세포간질이 석회화 되어 있어서 단단함을 유지하는 것이다. 그런데 뼈들도 고정된 자세로 장시간 있을 경우 척추 전체를 포함한 양쪽의 어깨 날개뼈가 변형되고, 목과 머리, 즉 두개골의 형태까지 변화하게 된다. 이렇게 두개골이 변화되면 얼굴과 두상 전체가 변화될 수 있는데 어떤 영향으로, 어느 부위에서, 어떻게 두개골의 형태가 변형되었느냐에 따라 얼굴형이 변형되는 것이다.

최근 들어 얼굴 윤곽을 아름답게 만들고 변형된 얼굴을 회복시켜 얼굴 부피의 축소 효과를 얻을 수 있는 테라피가 인기를 끌고 있다. 인상 형성과 관련하여 한국의 여성들이 얼굴 라인에서 가장 중요하게 생각하는 부분은 턱과 광대 부위이다. 생활 습관 중 식생활 습관에서 초래되는 얼굴 불균형 중 가장 큰 것이 바로 과도하게 형성된 저작근이며 그로 인한 턱선의 변화라고 할 수 있다.

얼굴에서 턱선의 변화는 얼굴 윤곽을 더욱 크게 만들고 심한 경우 사각턱을 형성하게 된다. 또한, 튀어나온 광대는 심리적으로 부담감을 주게 되며 광대가 돌출되어 있으면 얼굴이 커 보이고 나이가 더 들어 보이기도 한다. 그 외에 안면 부종, 이중 턱, 지방과다, 뚜렷하지 못한 얼굴 윤곽, 아래로 처지고 옆으로 퍼진 볼살, 늘어진 턱선 등은 얼굴 크기는 물론 좋은 인상 형성과 동안 이미지 형성에 주요 변수가 될 수 있다.

특히, 작고 갸름한 얼굴이 되는 골근 안면 관리의 경우 생활 습관이나 노화로 인해 변형되거나 과도하게 형성된 근육을 본래의 형태로 회복시켜줌으로써 얼굴 길이와 폭, 부피 축소의 효과를 상승시킨다.

사각턱과 저작근

우리 몸에 있는 근육 대부분은 뼈와 뼈 사이를 이어주어 관절의 움직임에 제한이 없게 도움을 준다. 그런 반면 안면근육은 뼈나 근육에서 출발하여 피부에 정지한다. 사람의 얼굴은 감정과 연관이 있다. 안면 윤곽 및 부피 축소와 관련하여 중요한 근육은 저작근으로 저작근에 관여하는 근육들이 과도하게 형성되거나 이상 형성되면 안면에 좌우 불균형이 생겨 얼굴 변형에 밀접한 영향을 미친다.

따라서 음식물을 씹을 때에도 왼쪽과 오른쪽을 번갈아 가면서 씹어주는 것이 좋고 딱딱하고 질긴 음식물은 가급적 피하는 것이 좋다. 또한 치아는 앞쪽으로 모아지는 힘이 있는데, 그 힘이 치열 불균형으로 턱관절 이상을 일으켜서 얼굴에 변형을 가져올 수 있다.

특히, 사각턱은 저작근과 치열이 중요한 역할을 한다. 따라서 저작근을 비롯한 변형된 얼굴선에 대한 회복은 골근 피부관리는 물론 고객의 생활 습관 교정도 함께 이루어져야 한다.

또한, 비교적 균형 잡힌 상태로 만들어 주고 혈액순환 촉진 및 림프 순환의 촉진으로 면역 능력 증진 등의 건강관리 효과를 동시에 얻을 수 있다.

골근 피부관리는 여러 가지 이유로 변형된 얼굴의 뼈와 근육을 자극함으로써 뼈세포 자체의 교환을 도와 스스로 재생하게 하여 변형된 얼굴의 형태를 원래의 크기 및 균형감으로 회복시켜주는 피부관리이다.

즉, 변형된 얼굴 뼈를 자극함으로써 피부의 말초신경 말단부 자극이 척수를 통해 대뇌까지 전달되어 유쾌감과 이완감을 느끼게 하는데, 말초적 피부 자극은 부교감신경을 자극하여 근육을 이완시키고 모세혈관을 확장시키게 되어 순환을 촉진하게 된다. 특히 안면관리의 경우 형태적 변화는 물론 혈색과 탄력 있는 피부 변화 효과도 상승시킨다.

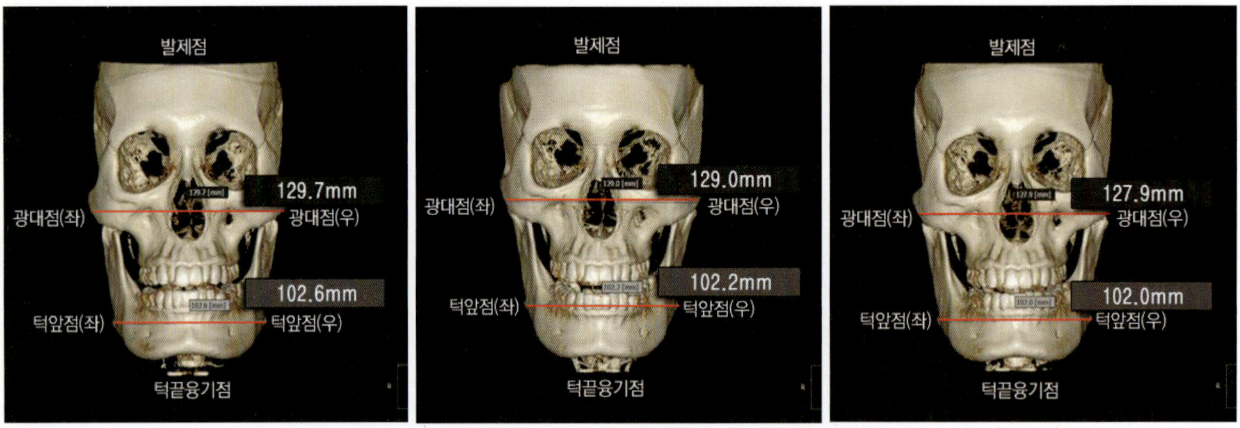

그림 1-1 얼굴의 축소 결과(사각턱 및 옆 광대 포함)

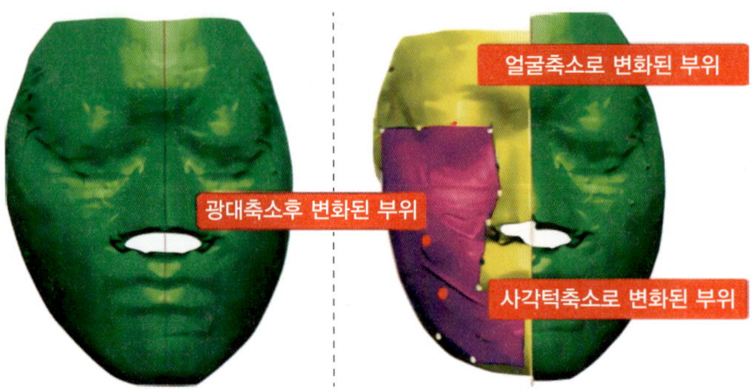

그림 1-2 3D Laser Scan 결과

Chapter 2

해부생리학

1. 피부과학

1. 피부의 구조

피부는 외부의 자극과 변화에 민감하게 반응하며 우리의 내부 환경을 보호해주는 신체 중 가장 중요한 기관 중 하나이다. 신체에서 피부가 가장 얇은 부위는 고막과 눈꺼풀이고, 가장 두꺼운 곳은 손바닥, 발바닥이다. 피부는 수분, 지방, 단백질 및 무기질로 구성되어 있다.

해부학적, 생리학적 기능에 따라 표피epidermis, 진피dermis, 피하지방층subcutaneous fat으로 분류하며, 피부 부속기로는 한선sweat gland, 피지선sebaceous gland, 모발hair 및 손톱, 발톱 등이 있다. 성인의 피부는 신체 무게의 20% 정도를 차지하고 펼쳐 놓았을 때 약 1.6㎡ 정도이다.

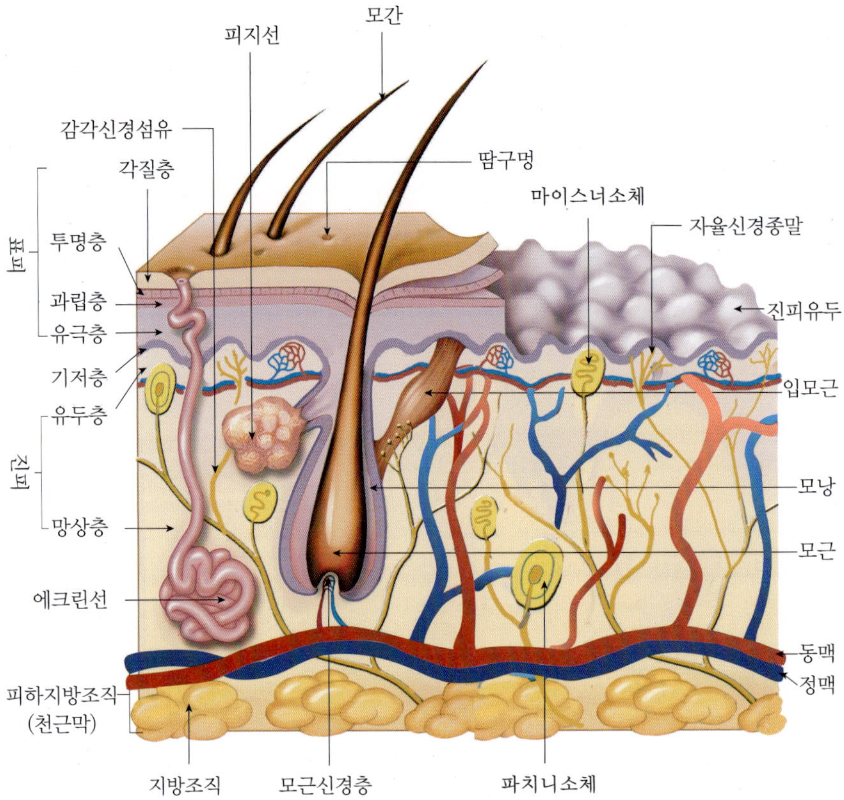

그림 2-1 피부의 구조

(1) 표피epidermis

표피는 가장 바깥층에 위치하고 피부 방어벽을 형성하며 외부로부터의 유해물질, 세균, 자외선의 침입을 막아주는 역할을 한다. 표피의 신진대사는 진피층과 접해있는 기저층의 각질형성 세포가 분화하여 유극층, 과립층, 투명층, 각질층을 거쳐 신체 밖으로 노화각질이 박리되면서 진행되는데 약 28일 정도가 걸린다.

1) 표피의 구성층

① 기저층staratum basale

기저층은 표피 중 가장 깊은 곳에 위치하고 있는 기저층은 단층으로 진피와 접하고 있으며 서로 물결 모양의 경계를 이루고 있다. 원추형 세포가 단층으로 이어져 있으며 저층의 기저세포는 살아 있는 세포로서 활발한 세포분열을 통하여 신세포를 생성하며 멜라닌 세포와 함께 존재한다.

기저세포와 멜라닌 세포는 4:1 또는 10:1의 비율로 존재하며 각질세섬유keratin fibrils가 생성되고 세포분열에 의해 새로운 층으로 이동한다. 기저층의 세포분열은 밤에 잠을 자는 동안에 가장 활발하므로 밤 동안의 충분한 휴식이 아주 중요하다. 기저층에는 멜라닌색소를 생산하는 멜라닌 세포가 있어 피부의 색상을 결정해 준다.

② 유극층stratum spinosum

유극층은 5~10층으로 되어 있으며 다각형의 세포로 구성되며 교소체가 풍부하게 존재해 이것이 가시모양으로 보여 유극층이라 부른다. 유극층 세포의 표면에는 가시 모양의 돌기는 인접세포와 다리 모양으로 연결되어 있다. 유극층은 표피의 대부분을 차지하는 층으로 세포 간 노폐물 배출 및 물질교환이 이루어지는 세포간교 형성, 표피의 영양을 관장한다.

유극층은 기저층처럼 세포분열이 활발하지는 않지만 표피를 다칠 경우 피부 손상을 복구할 수 있다. 표피에서 유극층과 기저층은 살아 있는 세포들로 구성되어 있으며, 이들 세포층을 특히 말피기층stratum Malpighi이라 부른다. 말피기층은 각화과정의 시작과 진행에 큰 역할을 하고 있다. 이러한 유극층에는 피부의 면역 기능을 담당하는 랑게르한스 세포Langerhans cell가 존재할 뿐만 아니라 세포 사이에는 림프액이 흐르고 있어 혈액순환이나 세포 간의 물질교류를 용이하게 한다.

③ 과립층stratum granulosum

과립층은 2~5층의 방추형 세포로 이루어져 작은 과립 모양으로 보이며 이러한 과립층의 세포는 피부 표면과 평행하게 배열되어 있다. 과립층은 세포질 내 케라틴 전구물질이 형성되면서 각질화되는 첫 단계로 외부의 이물질 통과와 내부 수분 증발을 저지한다. 즉, 이물질 특히 물의 침투에 대한 방어막 역할과 더불어 피부 내부로부터의 수분 증발을 억제해 장벽 기능을 수행한다.

과립층은 케라틴 단백질이 뭉쳐 어두운 색상으로 보이는데, 이와 같이 케라틴 단백질이 뭉쳐진 것을 케라토히알린keratohyalin이라 부른다. 케라토히알린 과립은 과립층에서 보이는 독특한 과립으로 주로 황을 많이 함유한 단백질로 이루어져 있다.

④ 투명층staratum lucidum

투명층은 각질층 바로 아래에 있는 무핵의 2~3개의 세포층으로 손바닥, 발바닥 같은 두꺼운 피부층에만 존재한다. 투명층에는 엘라이딘elaidin이라는 반유동성 물질이 함유되어 있어 투명하게 보이며 수분이 잘 흡수되지 않아 팽창되지 않는 성질이 있다.

레인 방어막rein membrane, barrier membrane ; 흡수 방어막, 수분 증발 저지막

레인 방어막은 투명층 아래의 특수한 화학적 성분을 가진 막으로 외부의 이물질 침입을 막는 작용을 한다. 체내의 수분 증발 방지 역할을 하면서 동시에 외부의 이물질 침투를 방지한다. 레인 방어막을 기준으로 막의 위 아래쪽 ph와 수분의 함유량이 다른데, 레인 방어막 위로는 약산성으로 10%~20%의 수분을 함유하며, 아래로는 약알칼리성으로 70%~80%의 수분을 함유한다.

⑤ 각질층stratum corneum

각질층이란 단백질이 딱딱하게 변한 케라틴으로 이루어져 있다는 뜻에서 붙여진 이름이다. 각질층의 모양은 피부의 표면에 가까울수록 납작하고 길쭉한 모양을 하게 되는데 표피의 가장 바깥층으로 비듬이나 때가 되는 층으로 겹겹이 싸인 15~20개의 죽은 세포층을 이루고 있다. 각질층의 두께는 신체부위와 성별, 나이, 질병 등에 따라 달라진다. 주성분으로는 케라틴 단백질58%, 지질11%, 천연보습인자natural moisturizing factor: NMF, 38%를 함유하고 있다.

2) 표피의 주요 구성성분

표피는 주로 중층 편평 각화 상피stratified squamous cornifying epithelium로 각질형성 세포keratinocyte가 80% 정도를 차지하고 멜라닌 세포melanocyte가 5~10%, 랑게르한스 세포Langerhans cell가 2~8%를 구성하며 그 외 머켈 세포Merkel cell가 존재한다.

① 각질형성 세포Keratinocyte

각질형성 세포는 표피를 이루는 가장 대표적인 세포로 기저층의 세포가 최외측의 각질층에 이동할 때까지 약 14일이 걸리며 각질층에서 인체 밖으로 탈락되기까지 약 14일이 걸려 표피세포는 28일의 각화주기를 갖는다.

표피가 각화됨에 따라 기저층, 유극층, 과립층, 각질층으로 모양이 변하게 되며, 이들 세포들은 모두 각질을 형성하는 과정에서 만들어진 세포이므로 각질형성 세포keratinocyte라고 부른다.

각질형성 세포에서의 분화 과정은 기저세포의 분열과정, 유극세포에서의 합성, 정비과정, 과립세포에서의 자기분해 과정, 각질세포에서의 재구축 과정의 4단계에 걸쳐서 일어나며 분화의 마지막 단계로 각질층이 형성된다. 이와 같은 과정을 각화keratinization과정이라 한다.

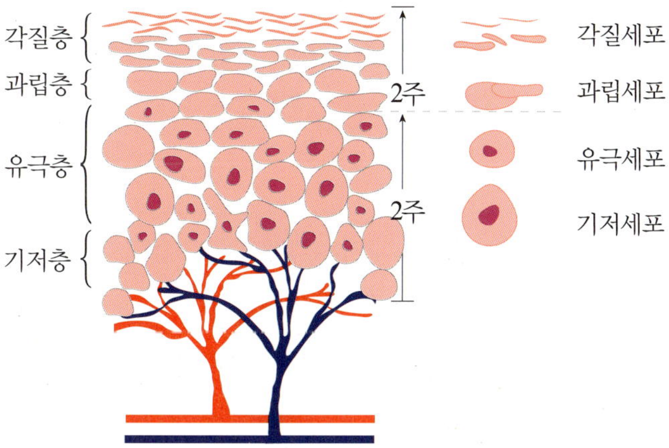

그림 2-2 표피의 각화과정

각화과정과 노화

각질형성 세포의 수명은 약 28일이며, 부위에 따라 조금씩 다르나 매일 수백만 개씩 떨어져 나가고 아래의 층으로부터 다시 그 만큼의 새로운 세포가 생성된다. 인체의 피부 표면에서는 노화된 각질세포가 지속적으로 떨어져 나가고 있으며 노화된 피부의 경우 각질층이 떨어지는데 더 많은 시간이 걸리게 되어 각질층이 두꺼워지게 된다. 따라서 각질형성 세포의 기능 저하는 죽은 세포를 쌓이게 하여 잔주름과 피부 거칠어짐의 원인이 된다.

② 멜라닌 세포melanocyte

멜라닌 세포는 대부분 기저층에 위치하며 표피세포의 약 5%를 차지하고 있다. 멜라닌 세포에서 만들어진 멜라닌은 세포돌기를 통하여 각질형성 세포로 전달된다.

기저층에 있는 멜라닌의 색상은 피부표면에 가까워지게 되면 산화되어서 본연의 색에서 점점 검게 된다.

멜라닌 세포

멜라닌 세포는 긴 수지상 돌기를 가진 가늘고 길쭉한 형태를 하고 있으며, 주위의 각질 형성 세포 사이로 뻗어 있다. 각질형성 세포로 전달된 멜라닌은 표피의 기저층 위 부분으로 확산되어 자외선에 의해 기저층의 세포가 손상되는 것을 막아준다. 즉, 멜라닌은 자외선을 흡수 또는 산란시켜 자외선으로부터 피부가 손상을 입는 것을 방지하는데 큰 역할을 한다. 멜라닌 세포의 수는 인종과 피부색에 관계없이 일정하며 유멜라닌과 페오멜라닌에 의해 색 표현이 결정된다.

③ 랑게르한스 세포Langerhans cell

랑게르한스 세포는 방추형의 세포돌기를 가진 것으로 유극층에 대부분 존재하며, 주로 피부의 면역에 관계한다. 즉 외부에서 들어온 이물질인 항원을 면역 담당 세포인 림프구로 전달해 주는 역할을 한다. 랑게르한스 세포는 진피, 림프절, 흉선에도 분포되어 있는데 이들 역시 표피에서의 기능처럼 외부의 항원을 면역 담당 세포로 전달하는 역할을 한다.

④ 머켈 세포Mekel cell

머켈 세포는 촉각세포라고 불리우며 기저층에 위치하여 피부에서 촉각을 감지한다. 머켈 세포는 털이 없는 손바닥, 발바닥, 입술 등의 부위뿐만 아니라 모낭의 외근초에서도 발견되며 신경섬유의 말단과 연결되어 있다. 즉, 신경세포와 연결되어 촉각을 감지하는 세포로 작용한다.

(2) 진피dermis

진피는 표피와 피하지방층 사이에 위치하며 피부의 90% 이상을 차지하며 표피두께의 10~40배 정도를 차지하고 있다. 진피는 탄성을 갖는 탄력적인 조직으로 무정형의 기질ground substance과 교원섬유나 신경계, 림프계 등이 복잡하게 얽혀 있는 형태를 띠며 표피에 영양분을 공급하여 표피를 지지하고 피부의 다른 조직들을 유지하고 보호해 주는 역할을 하고 있다.

진피층은 경계가 확실하지 않으나 두 층으로 구분할 수 있다. 즉, 진피의 윗 부분에 위치한 유두진피papillary dermis와 망상진피reticular dermis로 나눌 수 있다. 또한, 구성성분으로는 교원섬유collagen fiber, 탄력섬유elastin fiber, 섬유아세포fibroblast, 대식세포macrophage, 비만세포mast cell 등이 있다.

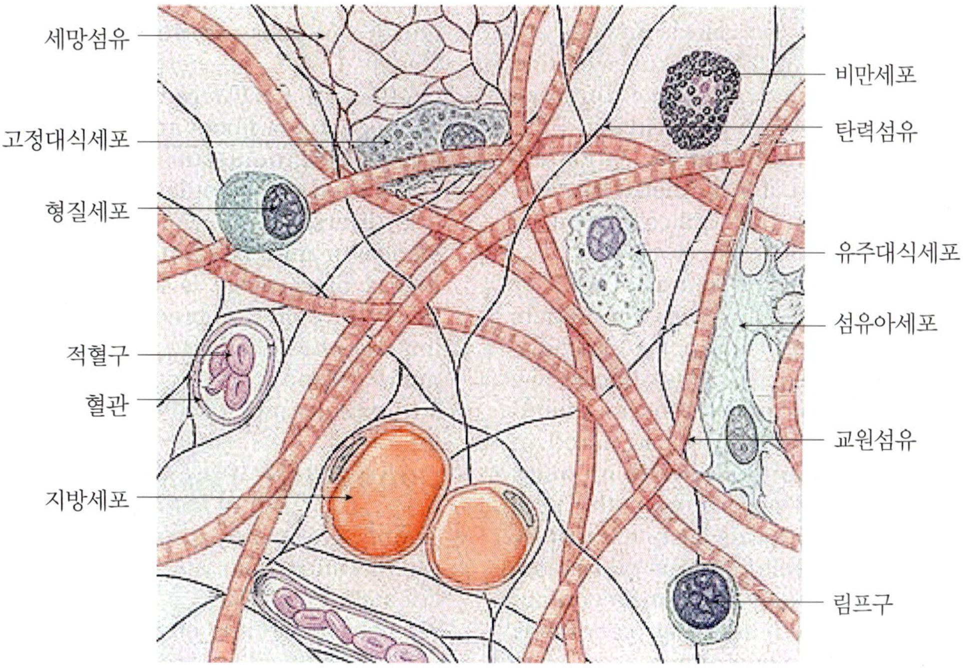

그림 2-3 진피의 구조

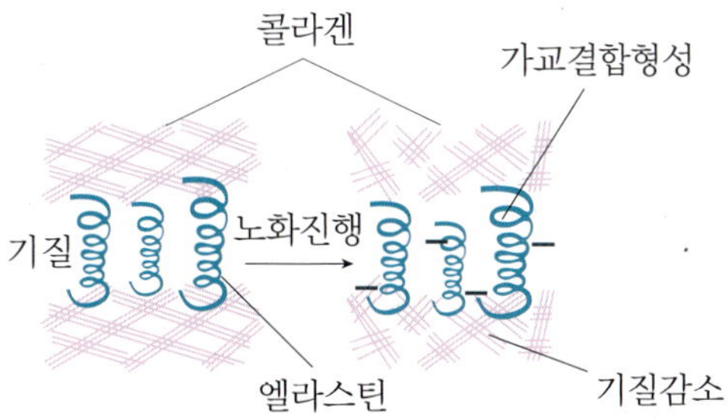

그림 2-4 교원섬유와 탄력섬유

1) 진피의 구성

① 유두진피Papillary dermis

표피와 진피의 사이는 수평의 경계면이 아니라 진피가 표피 쪽으로 둥글게 돌출되어 있는데 이 돌출물을 유두라고 하며, 이 부분이 유두진피이다. 진피의 10~20%를 차지하고 있으며 표피로 영양과 산소를 운반하고 노폐물 배설, 신경 전달을 한다. 유두진피는 미세한 교원질collagen과 섬유 사이의 빈 공간으로 이루어져 있으며 세포성분과 기질 성분이 많다.

'표피-진피' 간 결합 부분 혹은 기저 막대라고도 불리는 유두진피에는 피부의 팽창과 탄력에 관여한다. 표피와 진피와의 경계인 물결 모양의 파형은 노화에 따라 점점 사라져 편평해지게 되면서 탄력을 잃게 된다.

② 망상진피reticular dermis

망상진피는 굵고 응집된 형태의 교원섬유와 소규모의 섬유 사이의 공간으로 이루어져 있으며 피부 표면과 평행하게 존재하는 교원섬유의 그물망 사이에 탄력 섬유가 연결되어 있다. 피부의 탄력성은 진피를 이루는 섬유질의 탄력 상태에 따르며, 이 탄력성 때문에 건강한 피부를 당긴 후 놓으면 순간적으로 원래 상태로 되돌아간다.

2) 진피의 주요 구성 성분

진피의 구성세포는 결합 조직 내에 널리 분포된 섬유아세포fibroblast가 주종을 이루는데 이는 교원섬유와 탄력섬유 그리고 기질을 만드는 역할을 한다. 진피에는 섬유아세포 외에 대식세포macrophage, 비만세포mast cell가 존재하며 표피와 섬유아세포의 성장을 자극하는 호르몬인 표피성장인자epidermal growth factor: EGF가 세포성장을 촉진시킨다.

이 중 비만세포mast cell는 진피 유두내의 모세혈관 가까이에 위치하고 있으며 염증매개 물질을 생성하거나 분비하는 작용을 한다. 비만세포에는 과립을 함유하고 있으며 이 과립들은 혈관 투과성 인자인 히스타민histamine이나 단백질 분해효소 등을 저장하고 있다.

① 교원섬유collagen fiber

진피 성분의 90%를 차지하고 있는 단백질인 콜라겐은 피부에 장력을 제공해 주며 지방을 제외한 피부 전체 건조 중량의 77%를 차지하고 있다. 교원질 분자는 섬유아세포에서 만들어지며 교원섬유와 탄력섬유가 그물 모양으로 서로 짜여져 있어 피부에 탄력성과 신축성을 부여한다.

② 탄력섬유elastic fiber

교원섬유와 같이 섬유아세포에서 만들어지는 엘라스틴은 진피에 있는 섬유 성분 가운데에는 비교적 적은 부분을 차지하고 있다. 탄력성elasticity이 있어서 변형된 피부를 원래의 모습으로 되돌아오도록 하는 기능을 갖는다.

③ 기질ground substance

진피의 결합섬유 사이를 채우고 있는 물질을 기질이라 하는데, 이는 대부분 히아루론산hyaluronic acid과 콘드로이친 황산chondroitin sulfate 등의 글리코사미노글리칸glycosaminoglycans들로 이루어져 있다. 이들은 친수성 다당체로 물에 녹아 끈적끈적한 액체 상태로 존재하기 때문에 점액성의 무코muco라는 접두어를 붙여 무코-다당체muco-polysaccharide라고도 한다. 이들은 진피의 건조 중량을 기준으로 할 때 0.1~0.2% 정도의 미량을 차지하고 있지만 자기 몸무게의 수백 배에 해당하는 수분을 보유할 수 있는 성질이 있다. 특히, 이들이 보유한 수분은 일반적인 물인 자유수free-water와는 달리 강하게 결합되어 쉽게 마르거나 얼지 않는 특별한 성질을 갖고 있는데 이와 같이 특별히 생체 내에서 강하게 결합된 분자를 결합수bound water라 한다.

(3) 피하조직subcutaneous fat tissue, 피하지방

피부를 외부의 물리적 자극으로부터 보호하고, 체온 손실을 막으며, 소모하고 남은 영양이나 에너지를 저장하는데 이때 피하지방층은 신체의 체온을 조절하며 영양소를 저장하고 피부의 운동성을 향상시키는 역할을 한다. 또한, 신체의 윤곽을 결정하는 실루엣을 연출하며 피부의 탄력을 높여주는 기능도 담당하고 있다.

피하조직층을 보면 진피에서 내려온 섬유가 엉성하게 결합되어 있는 사이사이를 수많은 지방세포들이 가득 채우고 있다.

지방세포는 피하지방을 생산하여 몸을 따뜻하게 하고 수분 조절 및 탄력성을 유지하여 외부의 충격으로부터 몸을 보호하는 기능을 한다. 피하지방층의 분포 및 두께는 신체의 영양상태, 부위, 성별 및 연령에 따라 매우 다양하며 그 두께에 따라 비만의 정도가 결정된다.

2. 피부의 부속기관

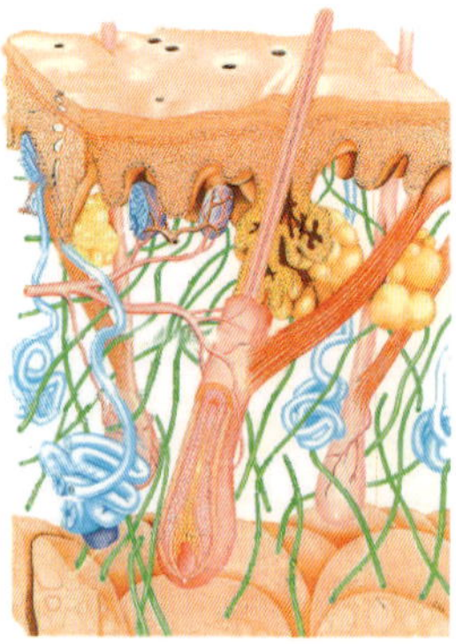
얇은 피부를 확대한 그림

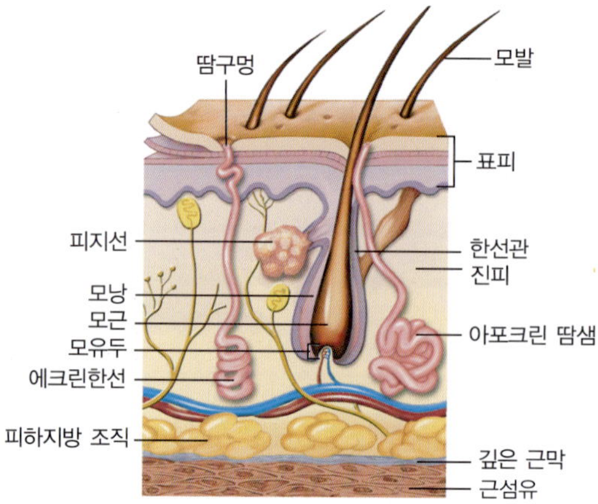

그림 2-5 모근부의 구조

(1) 피지선

피지선은 진피의 망상층에 위치하며 모낭선에 연결되어 있는데, 피지막을 형성하여 외부의 이물질의 침입을 억제하고 피부를 보호한다. 또한, 피부와 모발을 윤기 있고 부드럽게 한다. 피지선의 분포 및 피지 분비량은 신체 부위별로 차이가 있으며 일반적으로 성인이 1일 분비하는 피지량은 약 1~2g 정도이다.

피지선은 손바닥, 발바닥을 제외한 전신에 분포하며 특히 두피, 얼굴, 목, 등, 가슴에서 밀도가 높은 편이다. 피지선은 모낭과 연결되어 작은 관을 통해 피지를 분비하는데 안드로겐과 같은 남성 호르몬의 영향을 받으며 피지 분비를 통해 피부 표면에서 지질층을 구성한다. 피지선은 임신 4개월에 발생하여 출생 시 모체의 영향으로 발달되어 있다가 이후 쇠퇴하고 8~10세 경에 성숙된다.

이후 사춘기에 이르러 성호르몬에 의해 기능이 최고조에 달하고 폐경기 이후에 감소된다.

피지 분비량은 인종, 부위, 나이, 성별, 음식물, 시간, 온도 등의 영향을 받으며 일반적으로 하루 1~2mg 정도가 생성된다.

피지의 기능은 피부에 윤기를 부여하고 수분 증발 억제, 피부의 pH 조절, 유해 물질로부터 보호, 살균 작용 등이 있다. 이러한 피지선의 기능이 조화롭지 못할 때 다양한 피부질환이 유발된다.

(2) 한선

한선은 전신에 걸쳐 분포되어 있으며 주요 기능은 땀을 배출함으로써 체온조절을 하는 것이며 그 외에 각질층을 촉촉하고 부드럽게 만든다. 땀샘이라고도 부르며 진피 심층에 작은 다발을 이루며 분포하는데, 그 기능과 크기에 따라 에크린선소한선과 아포크린선대한선으로 분류한다.

① 소한선에크린선

성인의 피부에는 약 200~400만개의 소한선이 있는데, 점막과 피부의 경계, 음부, 손, 발톱을 제외한 전신에 존재하며 특히, 손바닥, 발바닥, 이마, 겨드랑이에 많이 분포한다. 소한선의 주기능은 체온조절로 체온 상승의 경우 땀을 분비하는데, 이러한 땀의 조절은 땀샘에 연결된 신경에 의해 조절된다. 이 외에도 음식물이나 정신적 스트레스에 의해서도 땀이 분비된다. 땀의 성분 중 99%가 수분이며 약간의 염분과 미네랄, 요소, 단백질, 아미노산 성분을 함유하고 있다. 일반적으로 소한선에서 분비된 땀은 무색무취이며 pH 4.0~5.6이다. 땀이 지나치게 많은 증상을 다한증이라 하는데 정서적 긴장이나 온도, 질병 등에 의해 발생한다.

② 대한선아포크린선

대한선은 전신에 분포한 소한선과는 달리 겨드랑이, 유두, 성기 주변, 유두 주변과 같이 특정한 피부 부분에만 분포한다. 대한선은 소한선보다 크고 피부 표면이 아닌 모낭으로 내용물을 분비한다. 대다수 동물의 경우에는 대한선의 기능은 방어나 영역 표시, 성적인 역할을 담당하나 인간의 경우에는 그 기능이 불분명하다. 대한선에서 분비된 땀은 중성지방, 지방산, 콜레스테롤 등의 지질과 수분, 단백질, 당질, 암모니아 등으로 구성되어 끈적거리며 우유색을 띤다.

분비 시에는 무취이나 분비 후 피부 표면의 박테리아에 의해 냄새가 발생해 독특한 냄새를 만드는 액취증을 유발한다. 특히, 사춘기 이후 생식선의 발달과 함께 특이 체취를 생성해 성호르몬의 영향을 받는 것으로 보인다.

(3) 모발

모발은 피부를 보호하고 체온을 유지하는 역할을 한다. 케라틴이라는 경단백질이 주성분으로 성장기, 퇴화기, 휴지기의 성장주기를 갖는데, 2~6년간의 성장기가 지속된 후 약 3~4주간의 퇴화기를 거쳐 3~6개월의 휴지기를 지나면 다시 발생기에서 성장기로 접어드는 일정한 주기성을 갖는다. 이러한 모발의 주기성은 영양결핍, 질병, 감염, 외상, 임신과 출산, 호르몬 변화, 물리적 자극, 정신적 스트레스 등에 의해 영향을 받는다. 모발은 하루에 80~100개가 탈락되며 한 달에 1~1.5cm 정도 자란다.

모발은 심미적인 기능과 함께 빛, 먼지, 땀 등의 자극인자로부터 신체를 보호하고 마찰을 감소하며 체온조절에도 많은 영향을 준다. 모발은 인종에 따라 물리적, 화학적 성질의 차이는 적으나 형태적 차이는 크게 나타나는데 황인종은 직모, 백인종은 파상모, 흑인종은 축모곱슬머리로 구분된다.

(4) 손톱과 발톱

손, 발톱의 주성분은 케라틴으로 표피의 각질층이 변하여 생성된 것이다. 하루 평균 0.1mm 정도 성장하며 완전히 재생되는데 4~6개월이 소요된다. 손끝, 발끝을 보호하고 지지대, 장식의 도구로서의 역할을 한다.

3. 피부의 기능

(1) 보호작용

물리적 자극, 화학적 자극, 자외선, 세균 등으로부터 피부를 보호한다. 첫째, 외부의 자극이나 충격, 마찰 등의 물리적 자극으로부터 신체 내부를 보호한다. 둘째, 피부 보호막인 약산성막이 세균과 같은 미생물의 화학적 침입으로부터 신체를 보호한다.

셋째, 피부의 산성막을 통한 생물학적 자극원으로부터 보호도 하며, 표피의 랑게르한스 세포, 진피층의 대식세포를 통해서도 면역반응을 통해 생물학적 작용으로 신체를 보호한다.

(2) 감각작용

피부에는 온각, 냉각, 통각, 촉각, 압각 등의 다양한 감각수용체가 존재하며 이는 우리 몸의 방어기능과 관계가 있다. 피부의 1cm²당 촉각점 25, 온각점 1~2, 냉각점 12, 압각점 6~8, 통점 100~200개의 비율로 분포해 있으며 이는 다양한 형태로 표피, 진피, 피하조직 및 모낭의 주위에 분포한다.

(3) 체온조절작용

인간은 피지막과 피하지방을 통해 체열의 발산을 부가적으로 막으며 외부의 온도에 따라 피부의 표면적을 수축과 확장하며 체온을 유지하고 있다. 피부의 에크린선은 땀을 분비함으로써 체온을 조절하는 작용을 한다. 신체에서 발산되는 열량은 70%가 피부를 통해 진행되며 나머지는 호흡을 통해 발산된다.

(4) 흡수작용

피부는 외부와의 접촉물질을 흡수하기도 한다. 이는 수용성보다 지용성 물질이 흡수가 더 유리하며 물질의 종류, 크기, 피부상태, 환경 등에 의해 영향을 받는다.

(5) 분비작용

피부는 피지선, 한선 등을 통하여 피지와 땀, 일부 이물질이나 노폐물을 분비, 배설한다. 그 중 땀의 분비는 체온조절과 정신적 발한, 음식물에 의한 발한 등이 있으며 대체로 장년기에 이르면 감소하며 피지선의 경우, 남성호르몬에 의해 더욱 활발해지므로 남성이 여성보다 피지 분비량이 많다.

(6) 비타민 D 합성작용

표피 내에서 생성되는 프로 비타민 D가 자외선을 받으면 피부 표면에서 비타민 D로 전환된다.

비타민 D는 칼슘의 흡수 촉진과 인의 대사에 관여해 골의 성장과 발육을 도와주고 단단함 유지, 혈액의 칼슘 농도 및 항상성 유지 기능을 담당한다.

(7) 면역작용

외부의 자극 요인에 대해 항원 항체 반응을 보이는 것을 면역작용이라 하는데, 두드러기나 아토피 피부염, 주부 습진 등이 대표적인 피부의 면역 반응에 의해 나타나는 피부 질환이다. 표피의 랑게르한스 세포와 진피의 대식세포는 피부에서 면역작용의 주된 역할을 담당하고 있다.

(8) 호흡작용

폐를 통한 산소 호흡과 비교했을 대 피부 호흡은 그 정도가 상대적으로 미미하지만, 피부 표면에서는 산소의 흡입과 이산화탄소의 방출을 통한 호흡작용이 일어난다. 온도가 높아지면 산소의 흡수 속도와 이산화탄소의 방출 속도가 증가하며 연령이 증가할수록 피부 호흡은 감소한다.

2. 근육

1. 근육muscle의 정의 및 구조

근육이란 근세포들이 모여서 된 결합 조직으로 수축 운동을 통해 개체의 이동과 자세 유지, 체액 분비 등을 담당하는 신체 기관이다. 하나의 근육은 수천 개의 근육섬유muscle fibers로 구성되어 있는데 그 직경은 50~100㎛ 정도이고 길이는 근육의 종류에 따라 다양하여 2~3mm로부터 30cm에 이르고 있다. 근육섬유는 근육의 기본 구조인 근육세포에 해당하며 근육섬유막으로 둘러싸여 있다.

근육섬유myofibril는 직경 1㎛ 정도인 실린더형의 근육원섬유 다발로 구성되는데 각 근육섬유는 1000개 이상의 근육원섬유를 포함한다. 각각의 근육원섬유는 세로로 평행한 배열의 수많은 근필라멘트로 이루어진다. 근필라멘트근육잔섬유, myofliament는 근육원섬유를 구성하는 기본 구조이며 굵기에 따라 굵은근육미세섬유100~120Å, 마이오신와 가는근육미세섬유60~70Å, 액틴로 구분된다.

근육원섬유는 Z-선[6]에 의해 경계가 되는 많은 근육원섬유마디근절로 나뉘어진다.

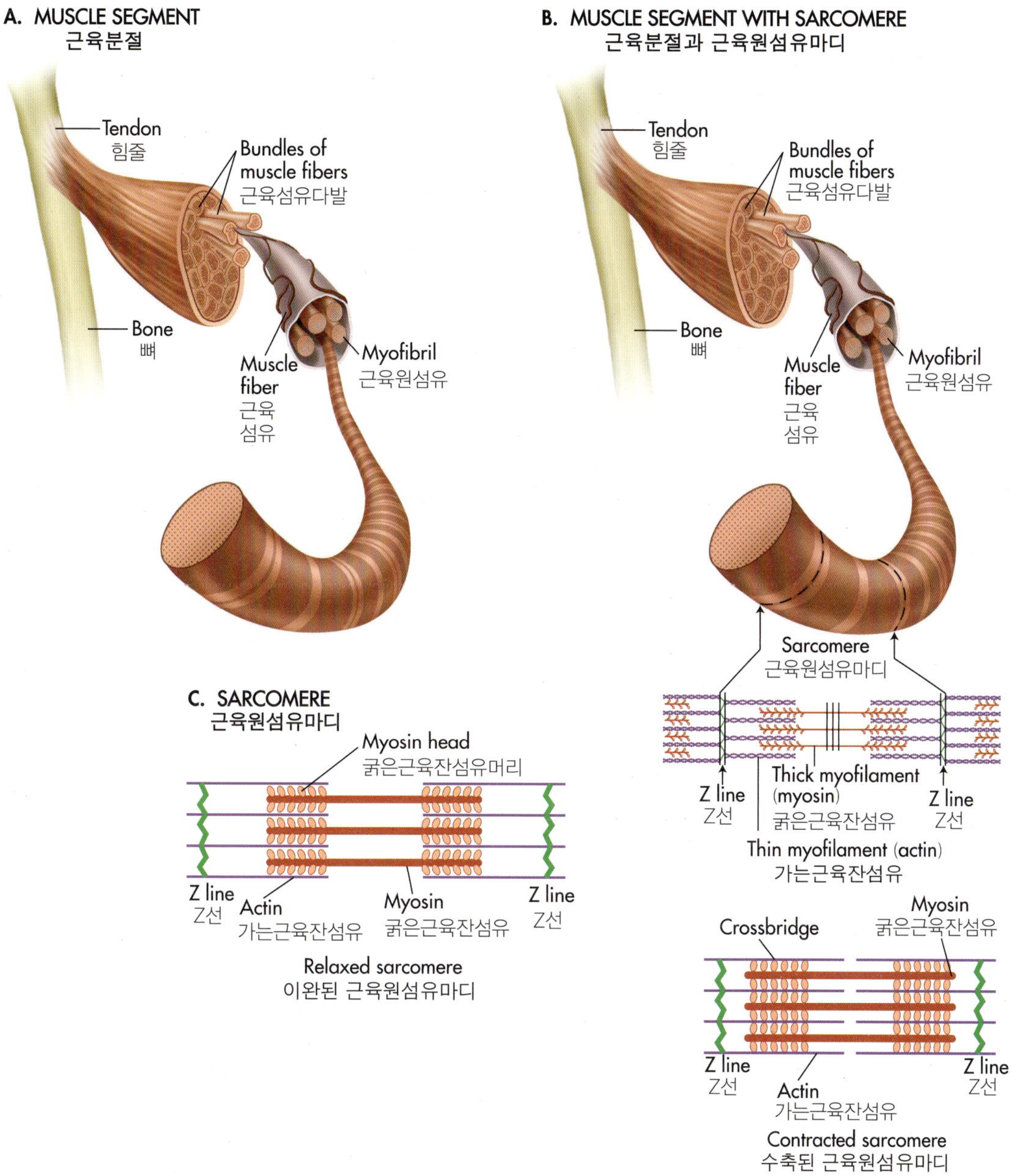

그림 2-6 근육의 구조

6) 전자현미경 상에 가로로 달리고 있는 굵은 선

2. 근육의 기능

근육의 가장 중요한 기능은 운동으로 이는 근육의 수축을 통해 나타나는데, 액틴으로 구성된 가는근육미세섬유가 마이오신으로 되어 있는 굵은근육미세섬유의 중앙으로 미끄러져 들어와 근절의 길이가 짧아지면서 근육의 길이가 짧아진다.

근육세포는 근필라멘트로 구성되어 있는데, 이는 서로 움직이고 세포의 크기를 변하도록 하며 신경조직의 자극에 반응하여 수축과 이완 운동을 일으킨다. 액틴actin[7]에 마이오신myosin[8]의 머리가 결합한 후 이동하는 것으로 근육의 수축이 일어난다. 또한, 근육은 질긴 힘줄로 뼈와 연결되어 있어서, 근육이 오므라들면 뼈를 잡아당기고 근육이 늘어나면 뼈를 놓기 때문에 우리 몸이 움직일 수 있도록 해준다.

예를 들어, 팔을 굽히면 안쪽 이두근이 오므라들면서 튀어나오고 바깥쪽 삼두근은 늘어나게 되며 반대로 팔을 펴면 안쪽 이두근이 늘어나고 바깥쪽 삼두근이 오므라들게 된다. 근육은 탄수화물과 지방을 태워 힘을 만들어 내지만, 빠르게 수축하는 섬유는 무산소 반응을 이용해 힘을 얻기도 한다. 이런 화학적 반응은 마이오신을 움직이는 힘이 되는 아데노신 3인산ATP 성분에 의해서 발생하게 되며 신체 내에서 움직임이 가능한 모든 부분에 위치한다.

ATPadenosine triphosphate

ATP는 아데노신에 인산기가 3개 달린 유기화합물로 '아데노신 3인산'을 의미한다. 이는 모든 생물의 세포 내 존재하는 물질로 에너지 대사에 매우 중요한 역할을 한다. 즉, 한 분자가 가수분해를 통해 다량의 에너지를 방출하며 이는 생물활동에 사용되므로, ATP를 에너지원이라고 말한다. 칼슘이온이 방출될 때 ATP와 소량의 마그네슘이온이 존재하면 마이오신의 ATP 분해효소 작용은 높아지고 그 결과 ATP가 분해되어 에너지가 발생된다.

이 에너지는 액틴과 마이오신이 수축할 때 이용된다. 즉, ATP와 칼슘Ca은 근육이 수축과 이완에 필수적이며 ATP는 마이오신myosin이 액틴actin과 교차결합을 형성하고 푸는데 필요한 에너지를 공급한다.

---

7) 마이오신과 함께 근육단백질을 이루는 단백질 중 하나로, 얇은 필라멘트를 이루고 있는 이중나선의 선형단백질

8) 근단백질을 이루는 주요 성분(약 60 %를 차지)으로 근원섬유 내에서 가늘고 긴 필라멘트를 구성함

우리 몸이 쉬고 있을 때, 산소를 이용한 ATP 생산은 매우 천천히 일어나며 주로 낮은 강도로 오랫동안 운동을 할 때는 피로를 일으키는 물질을 거의 생산하지 않는다. 그러나 움직임이 있을 때는 운동의 강도나 정도에 따라 ATP 생산 방법이 다양해지는데, 높은 강도로 운동을 하면 ATP 생산 과정에서 근육 내에 에너지 생산의 산물인 젖산이 쌓이게 되고 근육을 산성화시킨다.

3. 근육의 분류

근육은 근조직의 형태와 기능에 따라 골격근육뼈대근육, skeletal muscles, 내장근육민무늬근육, smooth muscles, 심장근육cardiac muscles으로 분류하는데, 각각의 위치에서 힘을 만들어 내고 움직임을 유발하는 기능을 한다.

수의근과 불수의근

수의근과 불수의근은 근육 수축이 의지로 조절이 가능 하느냐 불가능 하느냐에 따른 분류로 의지로 조절되는 것을 수의근, 의지로 조절이 안 되는 것을 불수의근이라고 한다. 골격근육은 수의근이며 내장근육과 심장근육은 불수의근에 속한다.

수의근에는 빠르게 수축하는 빠른 연축근섬유와 속근섬유, 느리게 수축하는 느린 연축근섬유와 지근섬유로 나눌 수 있다. 느리게 수축하는 근육섬유는 지구력이 좋아 오랫동안 수축을 유지할 수 있지만 큰 힘을 낼 수 없고 빠르게 수축하는 근육섬유는 쉽게 피로해 지지만 빠르고 힘 있게 수축할 수 있는 특징을 가지고 있다.

가로무늬근과 민무늬근

근육은 조직의 형태에 따라 가로무늬근과 민무늬근으로 분류할 수 있다. 가로무늬근 조직은 수축단백질의 배열로 인해 가로무늬의 형태를 가지고 있다. 가로무늬근은 주로 골격근육을 형성하는데, 이러한 골격근은 원통형으로 세포의 표면 바로 아래에 핵이 있으며 다핵세포로 되어 있다. 골격섬유는 매우 길고, 각 섬유는 일정하게 배열된 수축단백질로 되어 있어서 다른 근육에 비해 운동속도가 빠르며 수의근에 속한다.

무늬가 없이 모양이 한결같은 민무늬 조직은 내장근 또는 평활근이라고 하며, 내장기관의 근육을 만든다. 민무늬근조직은 호르몬이나 자율신경의 영향을 받아 조절되는 불수의근이다. 각각의 세포나 섬유가 방추형으로 되어 있으며 하나의 핵을 가지고 있다.

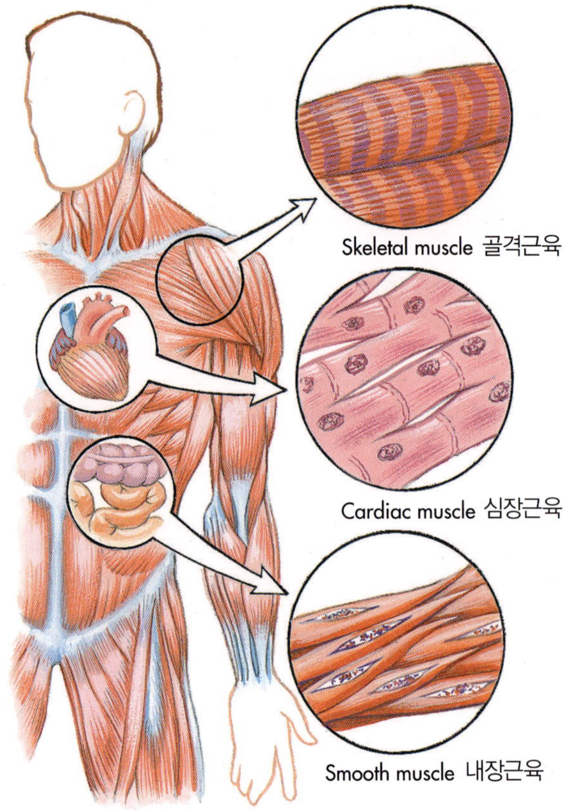

그림 2-7 근육의 분류 : 골격근육, 심장근육, 내장근육

(1) 골격근육뼈대근육, skeletal muscles

골격근육은 체중의 40~50% 정도를 차지하는 데 근육바깥막으로 싸여 있고 근육다발막이라는 결체조직막에 의하여 주위 조직과 구분되며 이 결체조직막은 근육내로 들어가 근육섬유막을 형성한다. 근육의 양끝은 대부분 힘줄에 의해 뼈에 연결되어 있고 일부는 직접 뼈에 붙어 있다. 골격근육은 수의근으로 형태는 줄무늬근육이며 운동을 통해 우리가 발달시키고자 하는 근육이 이에 해당된다.

골격근육은 운동 신경의 전기적 신호에 의해 수축되고 신경의 전기적 신호는 신경섬유가 전파하는 전기적 흥분파의 형태로 전달된다. 이러한 흥분파를 활동전위라 한다. 신경섬유는 여러 개의 가지를 내어 많은 근섬유를 지배하고 전기 신호의 전달을 통해 근육이 수축할 수 있도록 한다.

신경섬유 1개가 섬세한 움직임이 필요한 안면 부위의 근육에서는 10개 정도의 근섬유를 지배하고 큰 힘을 내야 하는 몸통의 경우에는 150개의 근섬유를 지배한다.

(2) 내장근육민무늬근육, smooth muscles

내장근육은 수축을 조절할 수 없는 불수의근으로 소화기관 등의 내장기관, 혈관, 기도 등을 이루고 있는 근육이다. 내장근육은 소화기관에서 꿈틀운동peristails을 일으키며, 허파의 기도 직경을 변화시켜 공기의 흐름을 촉진하거나, 혈관의 수축 및 확장에 관여한다.

(3) 심장근육cardiac muscles

심장근육은 오로지 심장에만 존재하며 골격근과 같은 가로무늬근이면서 내장근육과 같은 불수의근이므로 의식적으로 통제할 수 없다. 이러한 심장근육은 다른 두 근육과는 달리 섬유들이 가지를 친 상태로 서로 연결되어 있어서 독특한 형태로 수축과 이완을 하는데 이러한 부분이 곧 심장박동으로 나타나며, 심장근육은 심각하게 손상되면 다시 재생되지 않으므로 심장마비를 겪으면 심장조직의 괴사가 오게 된다. 심장근육섬유는 경계판막intercalated disk[9]에 의해 서로 연결되어 있으며 한 섬유가 수축이 일어나면 인접한 섬유도 수축이 일어나는 도미노 효과가 진행된다. 이러한 수축이 심장에 있는 피를 효과적으로 비우게 된다.

4. 머리와 얼굴의 근육

두개골을 싸고 있는 근육을 머리덮개근이라도 한다. 두정골에는 모상건막머리덮개널힘줄, epicranial aponeurosis이라고 불리는 막이 존재하며, 양 측면의 측두골에는 측두근, 전면의 전두골에는 전두근, 후면의 후두골에는 후두근이 있다.

9) 심근세포와 심근세포의 접합부에서 2중막이 유합해서 전기저항이 낮아지고 있으며, 활동전위는 2개의 막을 통해서 흐르고 2개의 심근세포 사이에 이러한 것이 마치, 하나의 세포인 것처럼 흥분전도를 일으키게 하는 부분

모상건막과 전두근은 이마를 가로 질러 아래쪽으로 확장되어 윗부분의 근육과 합쳐지는데, 전두근은 이마를 주름지게 하고 눈썹을 올리도록 한다.

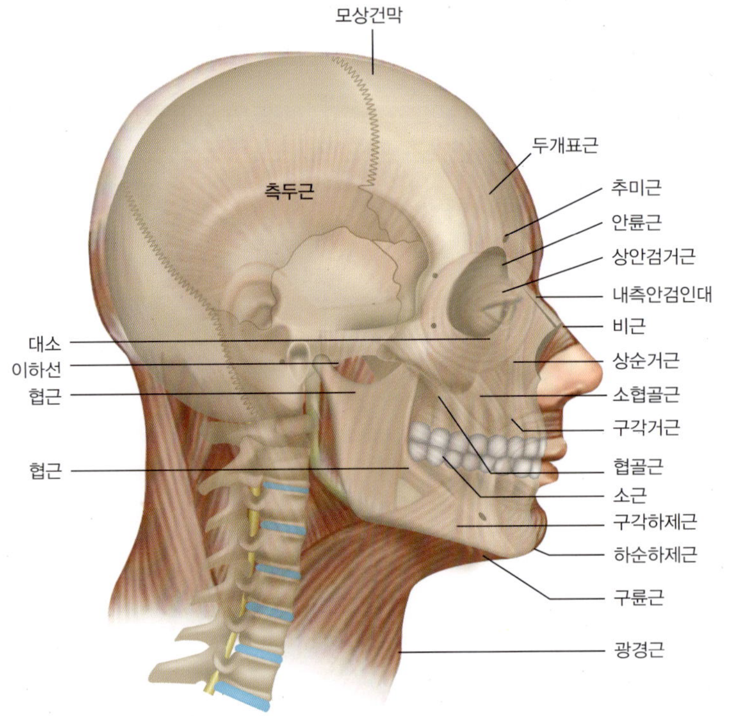

그림 2-8 머리와 얼굴의 근육

머리의 근육을 안면근顔面筋 즉, 얼굴 근육과 저작 근육의 2개의 군으로 분류해서 살펴보면 다음과 같다.

(1) 안면근facial muscle

얼굴 근육은 두피와 피부 밑에 위치하는 작은 근육들로 구성되며 안면에 있는 부위를 움직이기 때문에 표정 근육expression muscle이라고도 하며 안면신경의 지배를 받는다. 안면근의 특징을 살펴보면 기시는 주로 뼈이고, 정지는 피부 또는 다른 근육과 혼합되며 근육을 싸는 근막이 없다. 또한, 완전히 독립되어 있는 것이 아니고, 상호간 근섬유속이 이행하고 있는 것이 많다.

얼굴의 섬세한 작은 근육들은 표정을 짓는데 활용되며 목의 큰 근육들은 전체 두개頭蓋를 움직이고 균형을 잡도록 하는 역할을 수행한다. 머리의 근육에는 안면근과 저작근이 있다. 안면근은 얕게 있는 피근으로 안면신경에 의해 지배되고 희로애락 등 복잡한 안면의 표정운동에 관계하므로 표정근이라고도 한다. 저작근은 피부에서 깊숙이 위치하며 두개저에서 기시하여 하악골에 정지하고 저작운동에 관계하며 삼차신경의 세 번째 가지인 하악신경에 의해 지배된다.

① 두개근머리덮개근, epicranius muscle

두개관을 감싸는 근육으로 앞은 전두근frontalis muscle, 뒤는 후두근occipitalis muscle이며 그 사이는 모상건막머리덮개널힘줄; epicranial aponeurosis에 의해 연결되어 있다.

- **전두근** : 눈썹을 끌어 올려 놀란 표정과 이마에 주름을 만들기도 하며 머리의 손상을 예방한다.
- **후두근** : 머리 뒷부분에 위치하며 전두근과 모상건막과 함께 연결되어 있어 후두근의 긴장 시 전두근에 영향을 주고 눈썹 위 긴장 및 눈꺼풀의 처짐에도 영향을 준다.

② 눈꺼풀 틈새 주위의 근

눈을 뜨거나 감을 때 사용하는 안륜근을 비롯해 추미근 및 비근 등이 있다.

- **안륜근** : 눈을 살짝 윙크하듯 조이기도 하며 눈을 꼭 감게한다.
- **추미근** : 눈썹을 아래로 내리거나 이마에 주름을 형성하고 눈살을 찌뿌릴 때 세로 주름을 형성한다.

③ 콧구멍 주위 근

코의 상단을 덮고 있으며 눈썹을 내리거나 콧대에 가로 주름을 형성하는 비근이 있다.

④ 입술 틈새 주위 근

입을 다물거나 앞으로 내밀 때 사용하는 구륜근, 입꼬리를 끌어당기거나 윗입술을 윗방향으로 당길 때 사용하는 대권근, 소권근, 턱을 모아주는 이근, 귀밑샘이 지나가는 협근, 상순거근, 구각하제근 등이 있다.

(2) 저작근muscles of mastication

두개골에서 하악골에 걸쳐있는 4가지의 근육으로 아래턱을 끌어올리거나 좌우로 움직여 음식을 씹는데 관여하는 근육으로 얼굴신경이 아닌 삼차신경trigeminal nerve[10]의 가지인 하악 신경에 의해 지배된다.

① **측두근** : 측두골의 외측면에서 시작하여 하악골의 근육돌기에 정지하는 강한 근육이다.

② **교근** : 하악각 외측면으로 펴진 두껍고 강력한 근육이다.

③ **내측익돌근** : 접형골蝶形骨의 날개돌기에서 하악각 내측에 정지하며 교근과 평행으로 달린다.

④ **외측익돌근** : 접형골의 날개돌기에서 하악골의 관절돌기에 정지하며 턱을 좌우로 움직이고 여는데 사용한다.

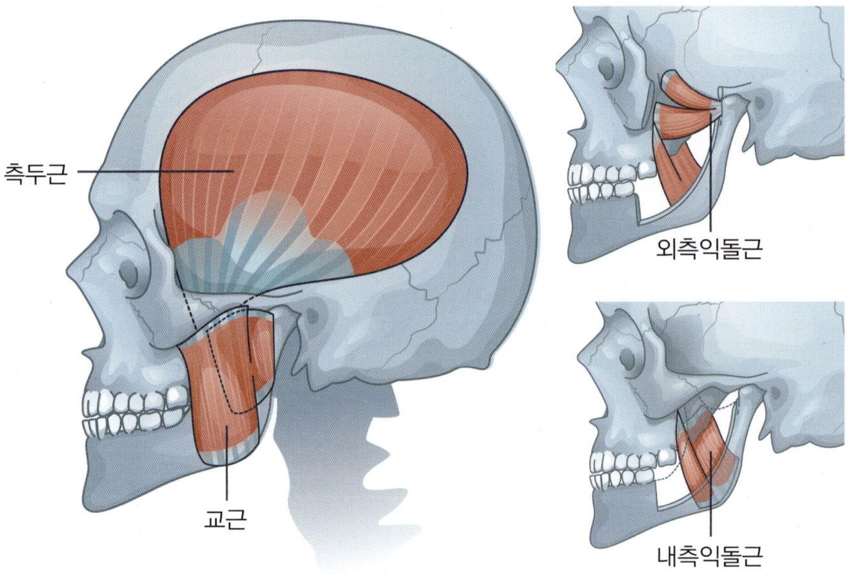

그림 2-9 저작근

10) 뇌신경의 하나로 뇌신경 중 가장 크며, 시신경視神經, 상악 신경上顎神經, 하악 신경下顎神經의 세 부분으로 나뉘어진다. 두부 및 안면의 대부분의 감각과 저작 운동에 관여한다.

5. 목의 근육

목의 척추, 즉 경추頸椎는 머리를 받드는 역할을 한다. 성인을 기준으로 할 때 머리의 무게는 약 4kg이므로 목의 척추가 균형이 잡혀 있지 않으면 머리의 무게는 온몸의 자세에 영향을 주어 특정 부위의 근육이 과도하게 뭉치거나 느슨해지는 결과를 초래할 수 있다.

경추는 머리뼈와 등뼈 그 사이에 위치하고 있으며 목의 회전과 관련된 근육, 머리를 지지하는데 관련된 근육, 호흡과 관련된 근육 등으로 둘러싸여 있다. 또한, 안쪽에는 목뼈, 목뼈 사이의 인대, 작은 근육으로 단단하게 연결되어 있으므로 이러한 근육들이 튼튼하지 않으면 뼈와 디스크가 쉽게 손상을 받는다.

(1) 뒷머리 아래 근육

뒷머리 아래 근육은 후두직근과 두사근으로 이루어져 있으며 양쪽 뒤통수 주위에 붙어서 머리의 회전과 자세 정돈에 관여하고 목을 유연하게 움직이는 등 튼튼히 고정시킬 수 있는 역할을 힌다.

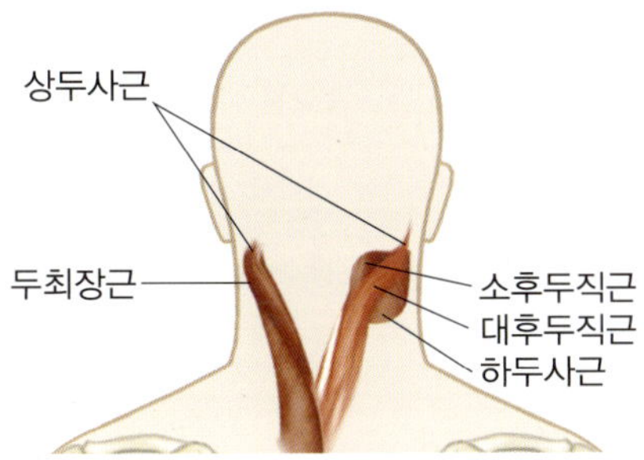

그림 2-10 목의 근육 : 뒷머리 아래 근육

(2) 목 바깥쪽 근육

목의 운동과 심호흡을 돕는 역할을 하는 사각근이 있다. 사각근은 목의 회전 시에는 목의 굴곡과 균형을 유지하고, 호흡 중에는 늑골을 들어 올려 흉곽을 넓히고 숨 쉬는 것을 도와준다. 또한, 사각근의 잦은 사용은 통증을 유발할 수 있는데 현대인의 목 근육 통증은 대부분이 이 근육의 문제로 인한 것이다.

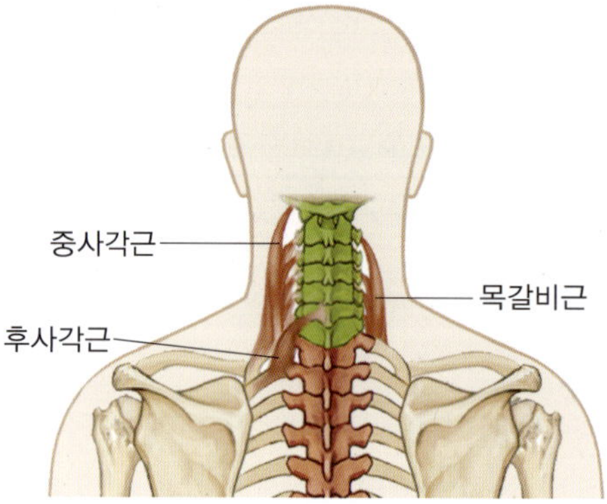

그림 2-11 목의 근육 : 바깥쪽 근육

(3) 목 뒤 근육

목 뒤 근육 중 가장 바깥쪽에 위치한 근육으로는 승모근trapezius, 견갑거근, 능형근이 있다. 목과 등에 통증을 주는 대표적 근육인 승모근은 광범위한 부위에 부착되어 있으며 다양한 기능을 수행하는데, 양쪽으로 작용 시에 머리와 목을 쭉 펴게 만들고, 한쪽만 작용 시에는 목을 회전시키는 역할을 한다.

이 근육은 목뿐만 아니고 어깨와 등의 움직임에도 관여하기 때문에 근육의 손상시에는 몸에 미치는 영향이 매우 크다. 견갑거근과 능형근은 등과 머리의 통증과 관여되어 있는데, 견갑거근은 목과 어깨에서 흔한 통증과 긴장을 유발하고 무거운 배낭이나 짐을 운반 시에 직접적으로 손상을 받기 쉬운 근육이다.

견갑골과 척추 중앙 부분에 위치한 능형근 또한 등의 통증과 밀접한 관련이 있으며 어깨를 당기는 흉부근육과 반대 작용을 하여 항상 흉근을 긴장시키는 데 연관되어 있다.

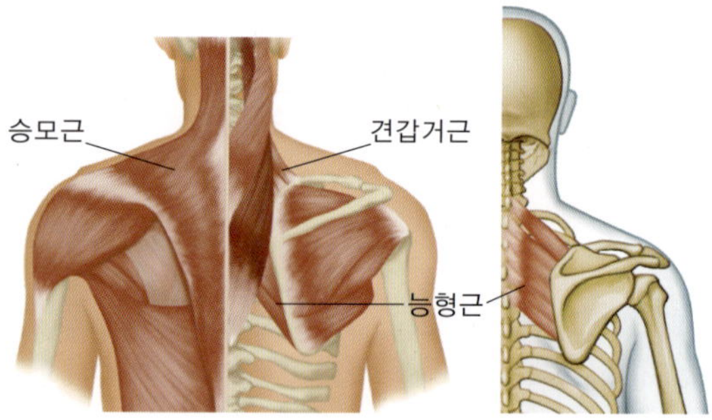

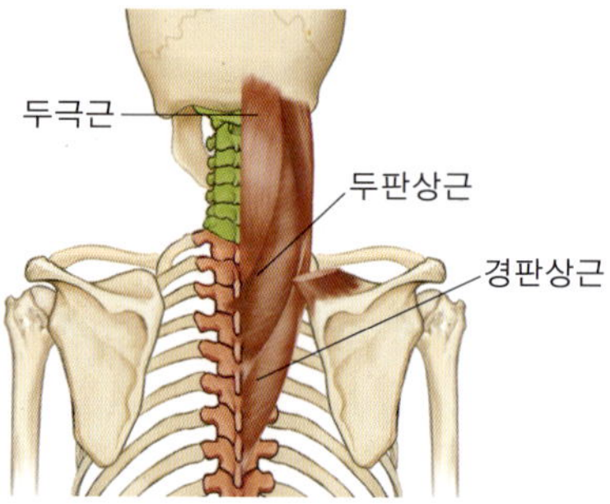

그림 2-12 목의 근육 : 목 뒤 근육

목 뒤 깊숙한 곳에서 목을 뒤로 젖히고, 돌리고, 옆으로 숙일 수 있도록 작용하는 근육으로는 두판상근, 경최장근, 경판상근, 두최장근, 경극근, 두극근이 있는데, 이 근육들은 머리의 회전과 지지 작용을 담당하며 과도한 사용으로 인해 근육에 스트레스가 쌓이면 두통의 원인이 되기도 한다.

(4) 목 앞쪽의 근육

흉쇄유돌근은 머리와 목을 유지하고 회전하며 굴곡시키는데 주요한 역할을 하는 두 갈래 근육으로 두통에 관여하는 근육이다. 흉쇄유돌근은 어깨관절의 경사를 보장하면서 자세를 유지하게 하는데 머리와 목을 유지하거나 무리하게 목이 뒤로 젖혀지는 것을 방지한다. 이 근육은 목 앞쪽 양 옆에 위치하며 한쪽을 수축시켜 머리를 반대로 돌리게 하거나 양쪽을 작용시켜 얼굴을 위로 올릴 수 있게 한다.

흉쇄유돌근과 평행하게 놓여 있는 광경근은 얇고 편평한 피하근육으로 아래턱과 입술을 내리거나 목의 피부를 당기는 역할을 한다. 광경근은 종종 흉쇄유돌근과 연계되어 통증을 유발시키는 원인이 되기도 한다. 또한, 목의 통증이 있는 사람은 특히 악해지기 쉬우며, 조그만 충격이나 잠자는 자세가 나빠도 경직되어 통증이 생기는 쉬운 근육이므로 평상시 운동을 통해 강화하는 것이 필요하다.

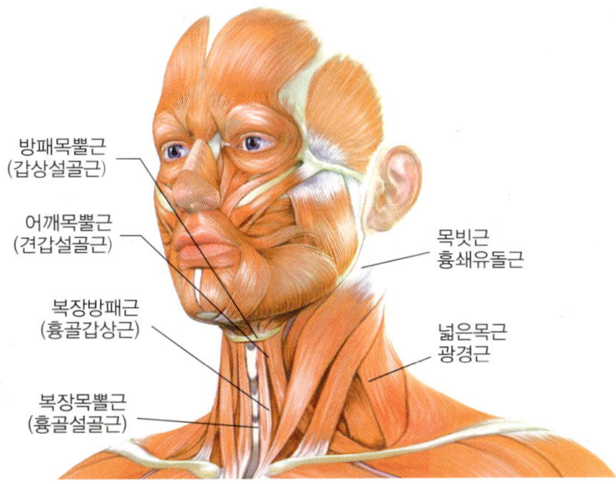

그림 2-13 목의 근육 : 목 앞 근육

그 밖에 목뼈와 머리를 굽히고 돌리는데 도움을 주는 근육으로 경장근, 두장근이 있다.

3. 뼈

1. 뼈의 구조

뼈대 계통을 구성하는 것은 뼈bones, 관절joints, 인대ligaments, 연골cartilage 등으로 되어 있다. 그 중 뼈대의 주요 구성요소는 뼈이다. 뼈대와 마찬가지로 뼈 역시 몸을 지지하는 것 이상의 많은 역할을 수행한다. 뼈는 시멘트처럼 상당히 견고하고 단단한 느낌을 받지만 활발하게 활동하는 살아있는 유기체이며, 인체의 골격은 206개의 뼈와 연골, 관절, 인대 등으로 구성되어 있다. 뼈는 울퉁불퉁한 표면을 가지고 있는데, 그 중 돌출된 부위는 근육, 인대, 힘줄의 부착점을 제공해주고 들어간 부위는 신경 및 혈관이 지나가는 통로가 된다.

관절joints, 인대ligaments, 연골cartilage

연골은 특수한 형태의 결합조직으로 인체의 접힘, 장력, 압력을 견딜 수 있게 해준다. 특히, 귀나 코는 그 일부가 연골로 되어 있다. 연골의 유연성은 뼈와 뼈 사이에서 쿠션 역할을 하므로, 다른 물체와 부딪혔을 경우 뼈가 부러지지 않도록 해준다. 관절은 두 개 이상의 뼈가 합쳐져서 이루어진다. 관절이 없으면 뼈가 움직일 수 없으며, 관절이 움직일 수 있는 것은 인대가 있기 때문이다. 띠 모양으로 생긴 인대는 뼈와 뼈를 연결하는 반면, 힘줄tendon은 근육과 뼈를 연결한다. 두개골의 관절은 봉합과 턱관절이 있으며, 봉합은 머리뼈 사이, 턱관절은 관자뼈측두골와 아래턱뼈하악골의 관절을 의미한다.

뼈의 구조는 일반적으로 골단뼈끝, epiphysis, 골간뼈몸통, diaphysis, 골막뼈바깥막, periosteum, 치밀골compact bone과 해면골sponge bone 그리고 골수bone marrow 등으로 구분한다.

뼈의 양단을 골간이라고 하는데 골간의 표면은 치밀골로 구성되어 있고 내부에는 골수가 있다. 골단은 초자연골인 관절연골로 덮여있으며 골막은 관절을 제외한 모든 표면을 싸고 있고, 뼈를 보호하는 기능 외에 뼈의 영양과 성장 그리고 골절 시 뼈의 재생에 관여한다. 골막은 두 겹의 강한 결합조직의 막으로 혈관과 림프관, 신경이 많이 분포되어 있으며 뼈의 화학적 성분인 콜라겐 단백질인 인대와 건이 부착되어 뼈와 뼈를 연결시키고 있다.

골막은 골의 바깥면을 덮고 있는 두껍고 치밀한 결합 조직층으로 중간층과 외층으로 구별되고, 내층은 골 발생 층으로 치밀한 골 모세포가 배열되어 혈관이 풍부하며 신생골 형성에 활동적으로 작용하는 부위이다. 뼈의 내 · 외부 표면은 막과 연결되어 있으며, 골간의 바깥면을 골외막이라고 한다.

골외막의 바깥 섬유층은 치밀하고 불규칙한 결합조직이며, 안쪽의 골 형성층은 뼈의 표면에 인접하여 주로 뼈를 형성하는 골아세포와 뼈를 파괴하는 파골세포로 구성되어 있다. 골외막의 층 사이에는 영양공이 있고 신경, 림프관 및 혈관 등이 잘 분포되어 있다.

치밀골은 뼈의 표층을 둘러싸고 있는 단단한 부분으로 골조직이 층판상으로 배열되어 있다. 반면 해면골은 뼈조직의 심층부에 위치하며 그 중심부에는 골수가 자리잡고 있는 골수강(marrow cavity)이 있다.

골수는 조혈기관으로 조혈작용이 왕성할 때는 적골수(red bone marrow)로 존재하나, 연령이 많아지면 조혈기능이 떨어지면서 지방조직이 증가하는 황골수(yellow bone marrow) 상태가 되며 이것은 빈혈의 원인이 되기도 한다. 일반적으로 사지의 긴뼈는 흉골이나 척추 같은 몸통의 뼈에 비해 빨리 황골수화 되지만, 몸통의 뼈는 노인이 되어서도 적골수로의 조혈 기능을 유지하게 된다.

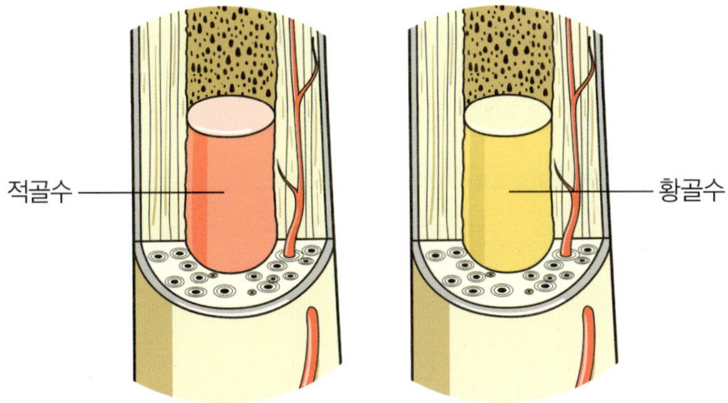

그림 2-14 뼈의 기본구조

2. 뼈의 분류

일반적으로 뼈는 그 모양에 따라 장골긴뼈, long bones, 단골짧은뼈, short bones, 편평골편평뼈, flat bones, 불규칙골불규칙뼈, irregular bones로 분류한다. 긴뼈는 너비에 비해 길이가 긴뼈를 의미하며 팔과 다리에 주로 분포한다. 짧은뼈는 너비와 길이가 거의 같으며 손목과 발목에 존재한다. 편평뼈는 편평하거나 커브curve 형태의 얇은 머리뼈skull bone, cranium, 갈비뼈ribs, 복장뼈sternum 등이 해당된다. 불규칙 뼈는 뼈와 뼈를 이어줄 때 필요한 형태로 모양이 불규칙하며 엉치뼈sacrum와 척추뼈spine가 이에 해당된다.

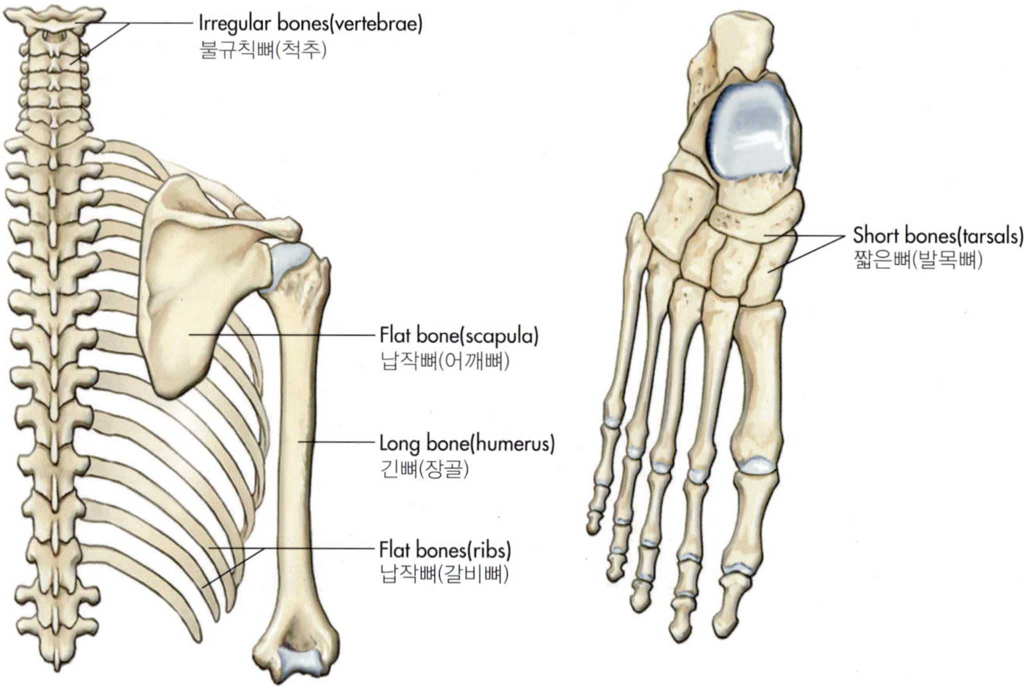

그림 2-15 다양한 뼈의 형태

3. 뼈의 기능

뼈의 주요 기능은 지지 기능, 지렛대 작용 기능, 내부장기 보호 기능, 조혈 기능 및 무기질 저장 기능 등이 있다.

뼈는 인체의 지주로서 몸무게를 떠받쳐주고 상호 연결되어 관절을 형성하며 사지 및 몸통에 연결된 근육의 수축과 이완에 의해 지렛대와 같은 기계적 장치로 작용하게 된다. 또한, 신체의 틀framework로 뇌, 심장, 폐 등 인체 내 중요한 내부 장기를 보호하는 역할을 한다.

뼈는 유기질 35%, 무기질 45%, 수분 20%로 구성되어 있으며 무기질 중 칼슘Ca은 인체의 99%, 인P은 인체 전체의 90%가 분포되어 뼈는 이들의 중요한 저장소가 된다. 또한, 골수강medullary cavity내의 골수 조직에서는 조혈 작용이 일어난다.

4. 뼈의 성장과 재생

뼈는 매우 활동적인 조직으로서 재생할 수 있으며 많은 양의 뼈가 제거되고, 대치되어 그 구조가 계속적으로 변화된다. 매주 인체 뼈의 5~7%가 재순환되고 성인의 뼈에서는 0.5mg 정도의 칼슘이 뼈에 침착되고 빠져 나온다.

골 재형성bone remodeling은 골 흡수를 하는 파골세포osteoclast[11]와 새로운 골 조직을 형성하는 조골세포osteoblast[12]가 관여하는 지속적인 과정으로 성인의 뼈에서 침전과 재흡수는 모두 골 외막과 골 내막의 표면에서 이루어진다. 성인에서 뼈의 양은 일정하며 이것은 뼈의 침전과 재흡수 비율이 똑같다는 것을 의미하고 재형성 과정은 일정하지 않으며 따라서 매우 활발히 재형성을 하는 뼈도 있다.

뼈의 성장과 재생은 영양, 일조량, 호르몬 분비, 운동 등 여러 가지 요인에 의해 영향을 받는다. 정상적인 뼈의 발생과 성장에 필수적 영양은 여러 가지가 있으나 그 중 비타민 A는 뼈 발생 중 일어나는 골조직 흡수에 필수적이며 결핍 시에 뼈 발생의 지연을 가져온다. 비타민 C는 콜라겐 합성에 필요하여 결핍 시에 골모세포가 골조직세포간 물질에 교원질을 충분히 만들어내지 못하므로 뼈가 비정상적으로 가늘고 약하게 형성된다.

---

11) 골의 발생 또는 재생 시에 나타나는 세포

12) 척추동물의 경골硬骨을 만드는 세포로서 세포 밖으로 골질을 분비하고 스스로는 골질에 싸여 골세포로 변하며 섬유모세포에서 분화한 것으로, 분열능력이 크지만 노화된 뼈에서는 그 수가 감소함

비타민 D는 결핍 시 칼슘 흡수가 잘 되지 않아 골기질 내 무기염 부분에서 칼슘 부족으로 어린이의 경우 구루병이 되고 성인의 경우 골연화증이 된다.

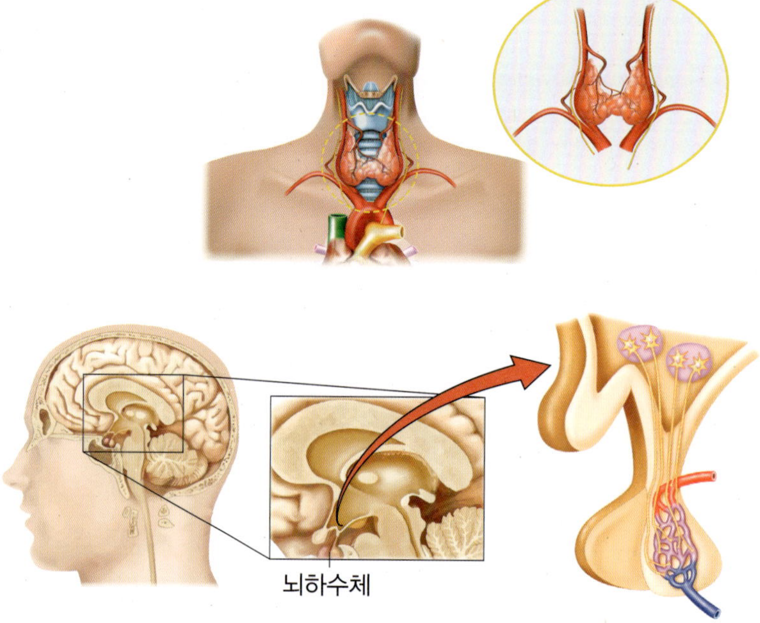

그림 2-16 부갑상선과 뇌하수체

뇌하수체 전엽에서 분비되는 성장호르몬은 골단원반에 있는 연골세포의 재생을 촉진하는데, 성장호르몬 결핍 시에 사지의 장골들이 정상발육하지 못하면 난장이가 되며 반대로 골단원반이 닫히기 전에 과다분비 되면 뇌하수체성 거인이 되기도 한다. 갑상선 호르몬의 경우 결핍 시 뼈의 성장이 둔화되며 과잉 시에는 골단원반을 조기에 골화시켜 뼈의 성장을 정지시키기도 한다. 성호르몬도 뼈의 성장 발육에 관여하는데, 사춘기 때부터 많이 분비되며 장골이 자라게 된다.

여성이 남성보다 빨리 최대신장에 이르는 것은 골단원반에 대한 에스트로겐estrogen[13]의 효과가 안드로겐androgen[14]의 효과보다 강하기 때문이다.

---

13) 동물의 난소 안에 있는 여포와 황체에서 주로 분비되는 여성호르몬

14) 남성 생식계의 성장과 발달에 영향을 미치는 호르몬의 총칭으로 남성호르몬

골다공증osteoporosis

골다공증은 뼈의 양이 감소하고 질적인 변화로 인해 뼈의 강도가 약해져서 골절이 일어날 가능성이 높은 상태를 말한다. 두드러지는 증상은 없지만 골절이 생기면 통증을 느끼게 되며 골절 부위에 따라 여러가지 증상이 나타날 수 있다. 특히 손목뼈, 척추, 고관절에서 골절이 자주 발생한다. 또한, 여성의 경우 조기폐경이 원인이 될 수 있으며 보편적으로 유전적 요인, 스테로이드 약제, 동반 질환, 류마티스 관절염 등이 원인이 된다.

식생활 요인 중에는 흡연과 알코올도 원인으로 작용할 수 있다. 그러므로 치료 시에는 약물치료는 물론 생활 습관 개선이 병행되어야 하며, 생활 환경에서 골절의 위험요소를 없애는 것도 중요하다. 과음을 삼가하고 흡연은 중단하며 적절한 유산소 운동과 스트레칭, 제자리에서 뛰기 등과 같은 운동을 하여 골량을 유지하여야 한다. 또한 염분은 칼슘의 흡수를 방해하므로 짠 음식을 피하여 주 2회 이상, 15분 정도 햇볕을 쬐어 뼈에 필요한 비타민 D를 충분히 합성하도록 하는 것이 좋다. 골다공증 및 골절의 예방을 위해서는 주 3회 이상의 규칙적인 운동을 통해 뼈를 튼튼하게 하고 근육 발달 및 평형감각을 유지하는 것으로 낙상의 가능성을 줄이는 노력이 필요하다.

5. 두개골과 안면골

(1) 두개골머리뼈

두개골은 뇌두개골이라고도 칭하며, 근육과 인대설골, 관절하악골과 연골결합synchondrosis, 접형골하부의 일부를 제외하고 골화된 봉합suture으로 이루어져 있으며 해부학적으로 보면 이런 봉합은 부위마다 다양한 형태로 이루어져 있다.

두개골은 두정골 2개, 측두골 2개, 전두골, 후두골, 접형골, 사골이라는 6종 8개의 뼈로 구성되며 뇌두개골은 뇌를 감싸고 보호하며 근육이 붙는다. 봉합은 두개골 사이의 섬유성 연결구조로 두정골과 두정골 사이의 시상봉합, 전두골과 두정골 사이의 관상봉합, 두정골과 후두골 사이의 인자봉합람다봉합, 두정골과 측두골 사이의 인상봉합이 있다.

두개골의 역할은 뇌를 보호하고 눈, 귀, 코, 입 등의 감각기관이 들어갈 공간을 마련해주며, 몸속으로 출입하는 호흡기와 소화기의 입구를 지니며 일부 뼈는 치아를 구조물로 갖추어서 음식을 씹는 기능을 수행한다.

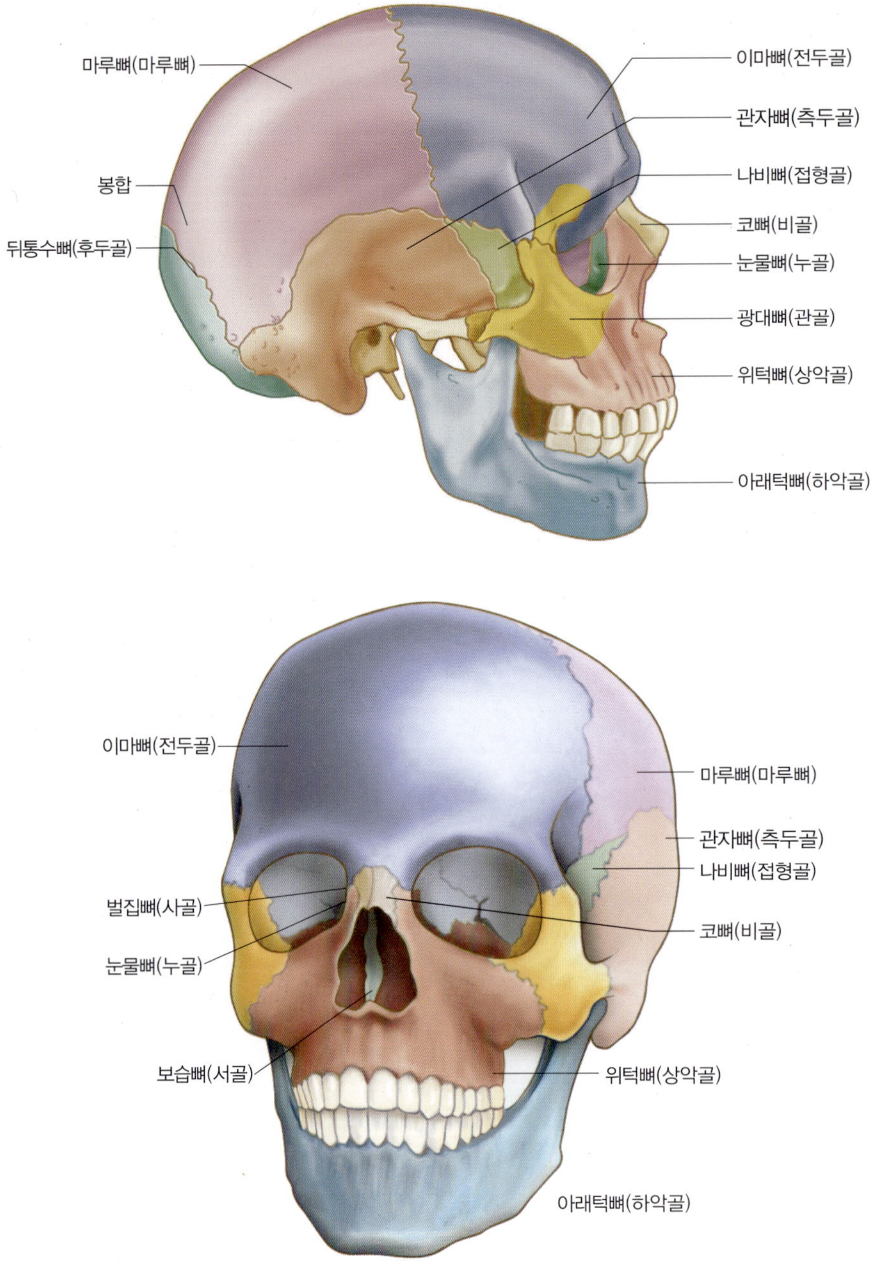

그림 2-17 머리뼈와 얼굴뼈

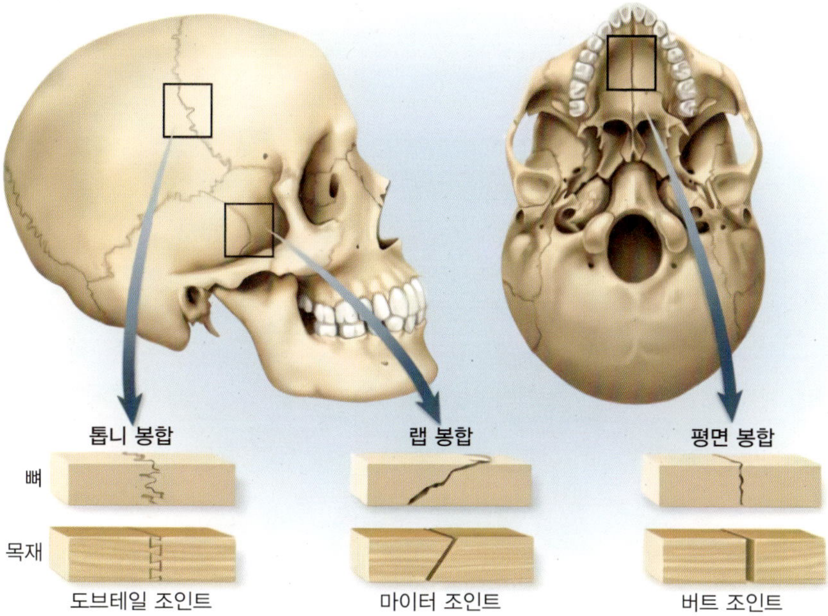

※ 두개골 뼈의 연결 방식
① 부동성 관절 – 두개의 뼈가 부동성으로 결합하는 것
② 섬유성 관절 – 봉합
③ 골결합 – 두개골

그림 2-18 두개골의 봉합

봉합

두개골끼리의 결합으로 일반적으로 불규칙하며 뼈와 뼈 사이의 섬유성 연결 가운데 결합조직이 극히 적고 여러 방향으로 굴곡한 연결을 봉합이라고 한다.

관상봉합coronal suture은 전두골과 좌우의 두정골과의 결합을 의미하며 두정골의 전면은 관상봉합을 경계로 전두골과 결합하고 후면은 후두골과 관절한다. 시상봉합sagittal suture은 좌우의 두정골 사이에서 두개정중 상면에 존재하는 것을 말한다.

인자봉합람다봉합, lambdoid suture은 양측의 두정골과 후두골이 만드는데 두정골간에서 만드는 시상봉합의 후단에서 양측의 후하방으로 나뉘어진 봉합선의 형상이 사람인자와 유사하기 때문에 인자봉합이라고 한다. 인상봉합비늘봉합, squamous suture은 측두골과 두정골과 관절을 이룬다.

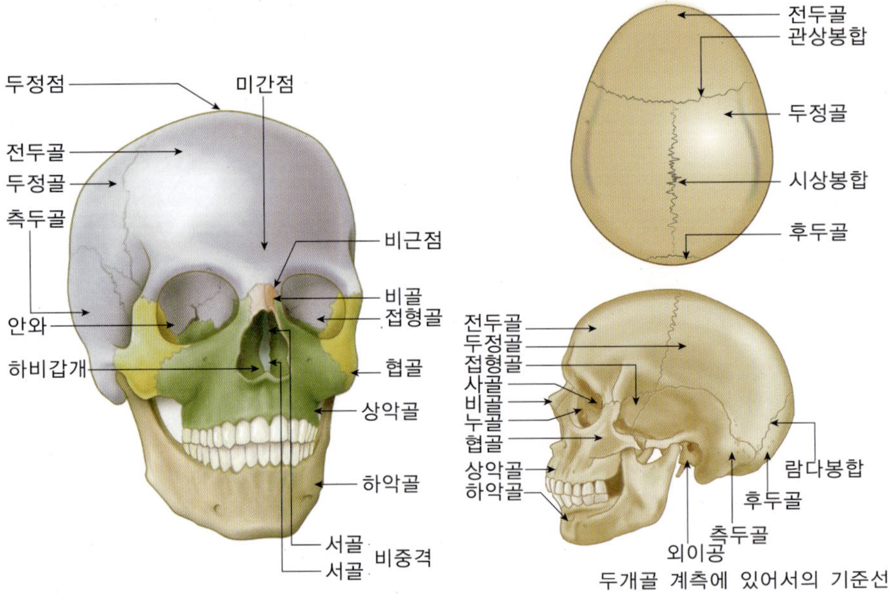

그림 2-19 두개골

① 두정골마루뼈, parietal bone

두정골은 좌우 한 쌍이 합쳐져서 뇌두개의 윗면과 옆면을 형성하며 뇌가 들어있는 사각형의 편평한 뼈이다. 가장 많이 튀어나온 중앙 부분에는 골화점을 나타내는 두정결절이다. 좌우의 두정골은 시상봉합으로 접해 있고 앞쪽은 관상봉합으로 전두골에 연결되며, 뒤쪽은 인자봉합으로 후두골에 연결된다. 두정부의 정중선상에 있는 두정점은 신장의 최고점으로서 두부 계측점이 된다. 시상봉합의 후방 약 1/3 지점에 한 쌍의 두정공parietal foramen이 있으며, 이는 두개강 내 · 외의 정맥의 통로로서 중요하다.

② 측두골관자뼈, temporal bone

측두골은 두개골의 양측면에서 인상봉합을 따라 두정골과 관절을 이루는데, 평형청각기를 내장하는 측두부에 있는 복잡한 형태를 갖는 뼈이다. 외면에서는 외이공이 열려있고 외이도 아래로 유양돌기와 경상돌기가 있다.

유양돌기는 목에 있는 근육의 부착부위가 되며 경상돌기는 혀와 인두에 관련된 근육의 부착부위가 된다. 내부는 내이공이 열려있는데, 평형감각과 청각기의 중요 부분이 자리 잡고 있으며 그 터널을 내이도라고 한다.

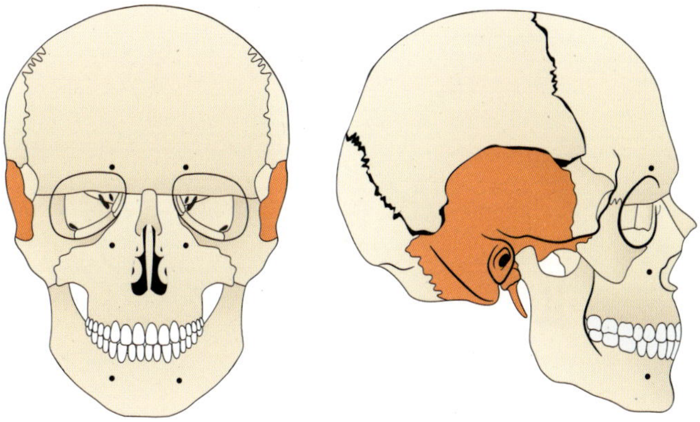

그림 2-20 측두골

③ **전두골**이마뼈, frontal bone

전두골은 뇌두개의 앞부분으로 이마, 안와의 상벽과 전두개와의 대부분을 차지하며 뇌의 전두엽에 위치한다. 전두골 위의 피부와 이마근육은 비교적 얇기 때문에 표면과 윤곽에 사소한 변형이 있으면 그대로 이마 표면에 나타난다.

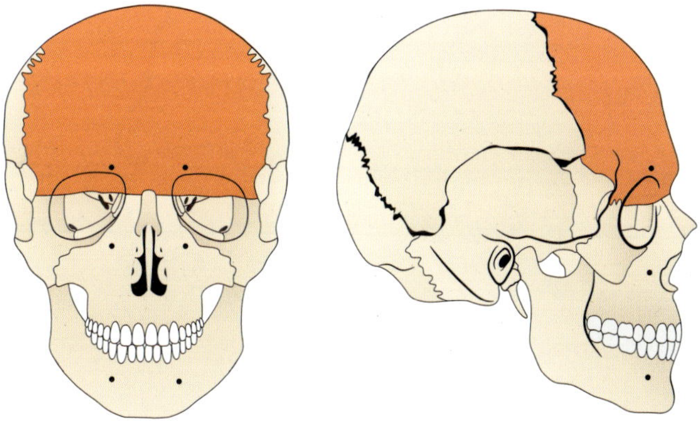

그림 2-21 전두골의 전면과 하면

④ **후두골**뒤통수뼈, occipital bone

후두골은 신경두개의 가장 끝 쪽에 위치하며 두개관과 마름모꼴의 부채모양으로 되어 있는 큰 뼈이다. 두정골과 인자봉합으로 관절한다.

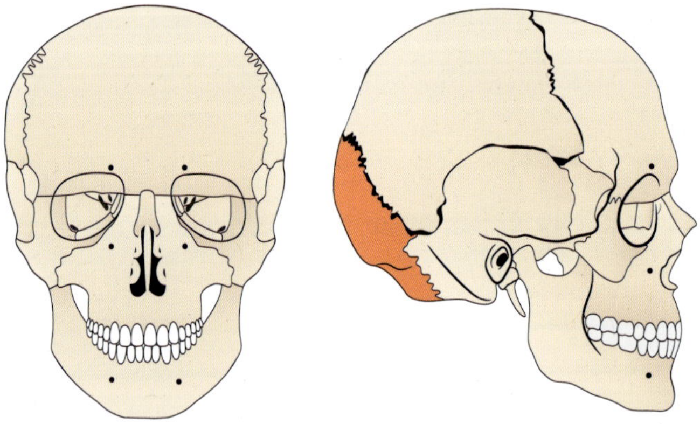

그림 2-22 후두골

⑤ **접형골**나비뼈, sphenoid bone

접형골은 나비 모양의 뼈로 양쪽에 큰 날개와 작은 날개가 있다. 두개저頭蓋底[15]에 있으며, 후두골 저부底部의 앞쪽에 위치하는 뼈이다.

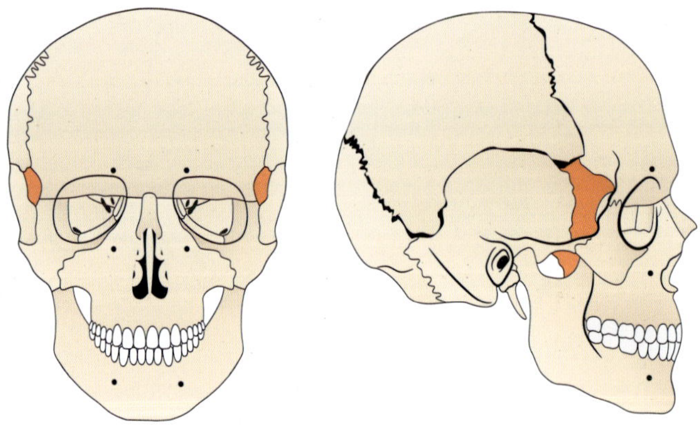

그림 2-23 접형골의 전면

15) 머리뼈 바닥

⑥ **사골**벌집뼈, ethmoid bone

사골은 안구공과 비강 사이의 두개골 바닥 앞쪽에 있으며 두개골의 가장 깊숙이 위치한다. 십자 모양의 뼈이며 정육면체의 가벼운 뼈로 10~20개의 작은 구멍이 있는 스펀지처럼 속이 비어 있다.

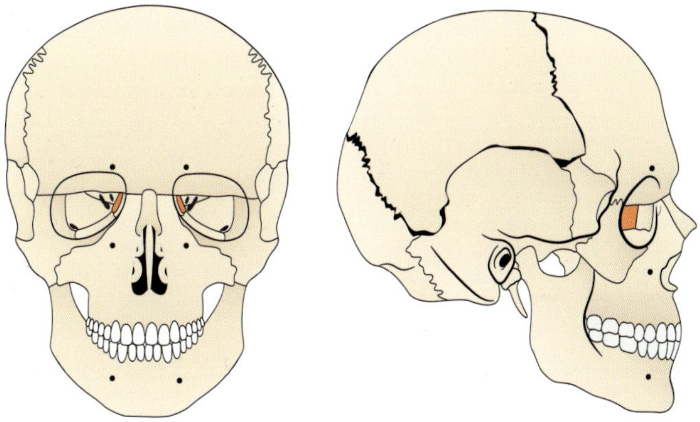

그림 2-24 사골의 전면

표 2-1 두개골과 안면골

두개골cranial bones, 6종 8개	안면골facial bones, 9종 15개
이마뼈전두골, frontal bone 1개	코뼈비골, nasal bone 2개
마루뼈두정골, parietal bone 2개	위턱뼈상악골, maxilla 2개
관자뼈측두골, temporal bone 2개	광대뼈관골, zygomatic bone 2개
뒤통수뼈후두골, occipital bone 1개	아래턱뼈하악골, mandible 1개
나비뼈접형골, sphenoid bone 1개	눈물뼈누골, lacrimal bone 2개
벌집뼈사골, ethmoid bone 1개	입천장뼈구개골, palatine bone 2개
	아래코선반하비갑개, inferior nasal concha 2개
	보습뼈서골, vomer 1개
	설골hyoid bone 1개

⑦ 함기골

공기를 포함하고 있는 함기동을 가지고 있는 뼈로 공간이 점막으로 쌓여 있고 신체 외부와 통해 있다.

전두골, 두정골, 접형골, 측두골, 사골이 이에 속한다.

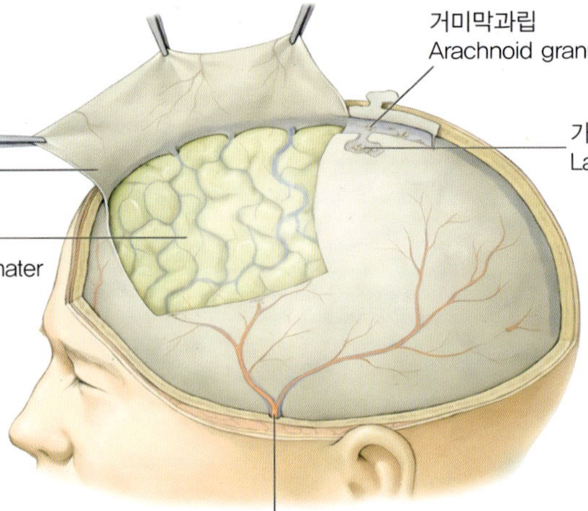

그림 2-25 함기골

두개골은 움직인다?

정통 서양의학에서는 두개골 봉합부를 완전히 골화된 비가동성 연결로 생각하고 있다. 그러나 대체의학에서는 해부학적으로 신선 사체에서 이 부위에서 정맥이 관찰되는 것을 근거로 감각 신경의 존재의 가능성을 제시하며, 두개골이 움직일 수 있다는 이론적 배경으로 삼고 있다. 이런 두개골의 가동성과 뇌척수액cerebrospinal fluid, CSF의 흐름에 따라 두개천골 운동cranio-sacral motion이 발생하며, 이의 원활한 움직임이 전신건강 유지에 주요한 역할을 하는 것으로 받아들이고 있다.

1939년 서덜랜드Sutherland라는 학자는 두개 구성골들의 연결이 단순한 접합이 아니고 다양한 형태의 사면bevel으로 연결되어 있는 것을 발견하고 뇌의 호흡기전에 따라 미세하게 움직이는 가동성 관절이라고 생각했다. 그는 이 흐름을 정상적으로 유지하게 하는 독창적인 두개 마사지법을 개발하였는데 이것이 두개정골요법cranial osteopathy이었다. 하지만 객관적인 증거의 부족으로 큰 주목을 받지는 못했다.

이후 1970년 존 어플리저John Upledger는 미시간 대학에서의 임상연구를 통해 서덜랜드의 두개의 움직임과 리듬의 이론을 과학적으로 설명하고자 했으며, 뇌의 호흡기전과 동반되어 꼬리뼈에 이르는 척주의 움직임을 동시에 다루는 '뇌-척주 요법'을 창안하였다. 이러한 치료의 흐름은 1970년대 후반 인도 명상가인 바간 쉬리 라니쉬Bhagwan Shree Rajneesh와 브하드렌다 아쉬람Bhadrenda Ashram의 명상에 의한 '뇌-척주 균형법' 등이 소개되면서, 많은 물리치료사나 카이로프락틱chiropractic[16] 치료사 사이에 각광받기 시작했다. 이런 노력들의 결과로 척추지압 요법이나 정골학 등 대체의학에서 중요한 학문의 한 분야로 자리잡았다.

이 이론에 입각해서 볼 때 접형골을 움직이는 힘은 반드시 접형골과 관절을 이루고 있는 모든 두개골에 움직임을 발생시키고, 접형골과 직접적으로 관절을 이루고 있지 않은 하악골은 측두골 또는 다른 두개골에 의해 간접적으로 영향을 받는다.

접형골은 서골과 구개골을 통해 상악골에 영향을 준다는 주장이다. 즉, 접형골과 후두골 사이에 유연성이 유지된다면 접형기저관절의 염전, 측방굴곡, 굴곡과 신전들의 움직임이 가능하다고 생각할 수 있다.

(2) 안면골얼굴뼈

안면골얼굴뼈은 상악골 2개, 비골 2개, 관골 2개, 구개골 2개, 누골 2개, 하비갑개 2개, 서골, 하악골의 8종 14개의 뼈로 구성되며 1개의 독립골인 설골을 포함하는 경우 9종 15개로 분류하기도 한다.

개인의 특징이 담긴 얼굴을 형성하는 안면골은 치아를 지지하고 안면 표정근이 붙어있으며, 설골목뿔뼈, hyoid bone은 하악골 밑 목부위에 위치한다. 안면골은 생명에 중요한 기관을 보호하고 충격흡수 작용을 하는 동시에 개체의 외모를 나타내는 중요한 구조이며, 골격이 얇고 여러 개의 돌기 부위와 궁상 구조를 이루고 있으며 외부로부터의 압력에 쉽게 파손되는 경향을 보인다.

---

16) 신경-근육-골격 체계의 장애 및 이러한 장애가 전체 건강에 미치는 영향을 진단, 치료 및 예방하는 수기 치료법

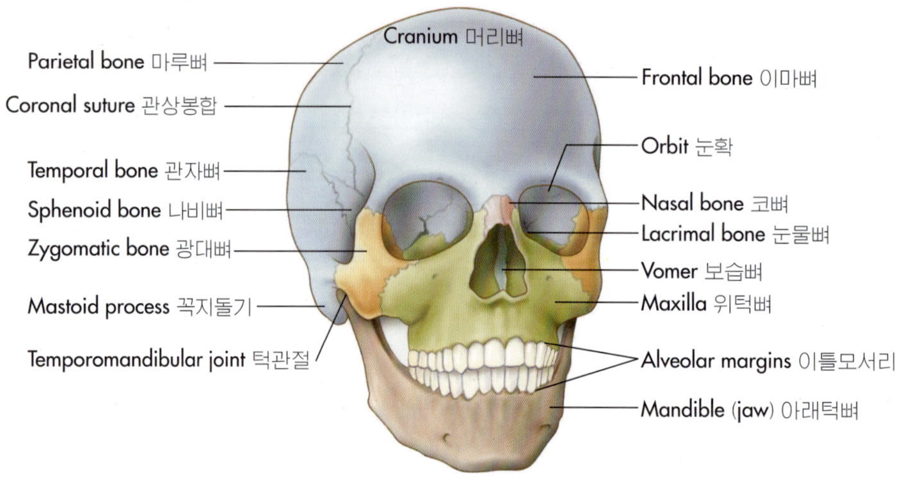

그림 2-26 안면골

① 상악골위턱뼈, maxilla

상악골은 얼굴의 중앙에 위치하는 한 쌍의 뼈로 윗면은 안와眼窩에 아랫면은 구강에, 안쪽은 비강에 면하고 있으며 안면골격의 핵심이 되는 뼈로 여겨진다. 상악골 내의 비어 있는 공간을 상악동이라고 하며 이는 비강과 연결된다. 안와 하방에는 안와아래구멍이 있어 삼차신경trigeminal nerve[17]과 혈관의 통로가 된다.

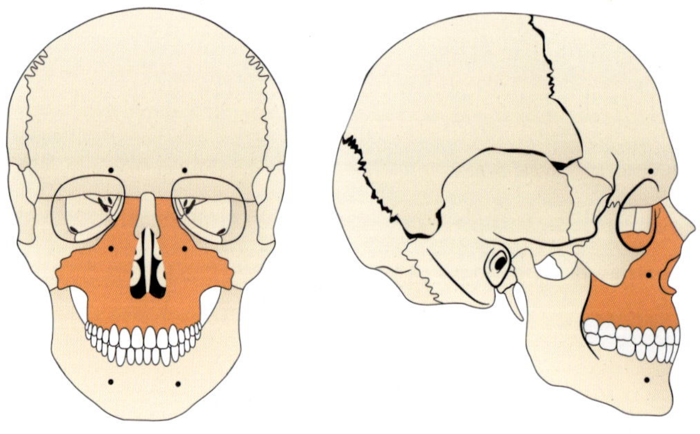

그림 2-27 상악골의 우측 외면

17) 얼굴의 감각 및 일부 근육 운동을 담당하는 제5뇌신경으로 안면 감각을 담당하며 일부 분지는 씹기근육의 운동에 관여함

② 하악골아래턱뼈, mandibula

하악골은 인체에서 가장 강한 뼈로 수평한 말굽모양을 하고 있으며 두개와는 하악관절에 의해 연결되고 저작기능 및 인류의 안면 퇴화와 밀접한 관계를 가지고 있다. 하악지의 내면에는 하악공mandibular foramen이 있으며 여기서부터 하악체 속으로 하악관mandibular canal이 뚫려있고 이 관은 하악지에 분포하는 치조신경 및 혈관의 통로가 된다. 안면 형상 및 이미지에 관여하는 하악각angle of mandible[18]은 남성이 여성보다 돌출되어 있다.

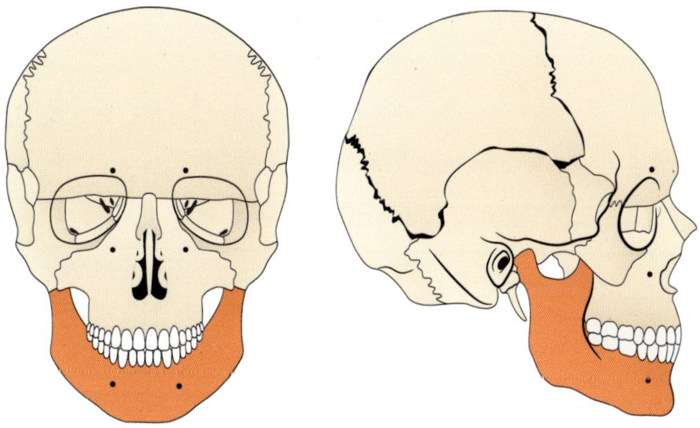

그림 2-28 하악골의 우측 외측면

③ 비근골코뼈, nasal bone

비근골은 비골이라고도 하며, 코의 전상부를 이루는 사각형의 얇은 뼈로 좌우 한 쌍을 이루고 있다. 비근골은 비강의 전상 벽의 일부를 이루며 하방부에는 코의 모양을 결정하는 연골조직이 부착되어 있다.

④ 누골눈물뼈, lacrimal bone

누골은 안면두개골 눈구멍의 안쪽 벽을 이루는 좌우 1쌍씩의 직사각형 판 모양의 얇은 뼈이다. 위는 전두골과 이어지고, 앞은 상악골과, 아래는 상악골 및 하비갑개의 누골돌기lacrimal process로 이어져 비루관nasolacrimal duct[19]을 만들고 뒤는 사골과 연결된다.

---

18) 하악체와 하악지 이행부의 꺾어진 부분

19) 눈물 주머니에서 상악골의 안을 지나서, 하비도의 앞부분까지 통하는 관

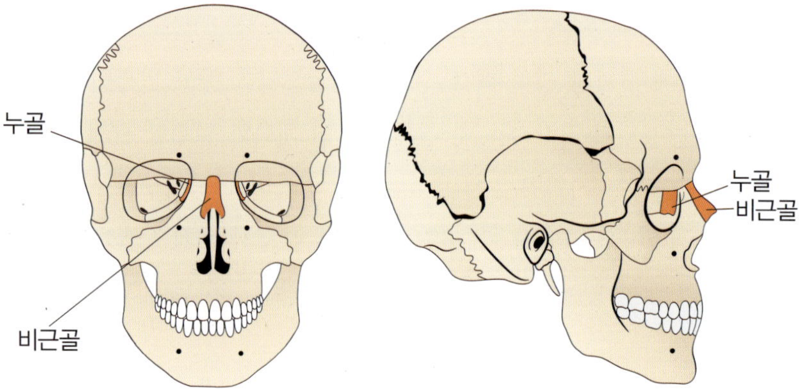

그림 2-29 비근골과 누골

⑤ **서골**보습뼈, vomer

서골은 정중시상선에 위치하는 단 하나의 뼈로 접형골sphenoid, 사골ethmoid, 입구개골palatine, 상악골maxillary과 관절을 형성한다.

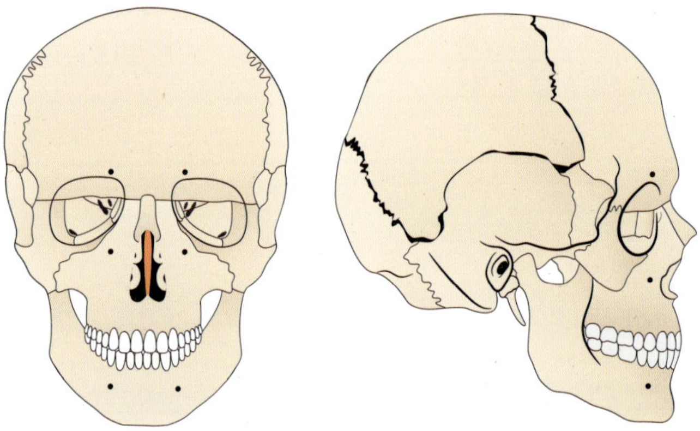

그림 2-30 서골

⑥ **관골**광대뼈, zygomatic bone

관골은 얼굴 양쪽에 돌출하여 한 쌍을 이루는 뼈로 협골頰骨이라고도 한다. 불규칙한 사각형으로 일부는 안와의 외 · 하벽을 형성하는데 눈의 옆 아래쪽에 있는 안면골로 앞부분은 위턱뼈에 이어지고 뒷부분은 측두골의 관골돌기협골돌기, zygomatic process에 이어져서 다리 모양의 관골궁을 만든다. 관골의 형태는 하악각과 함께 얼굴이미지 형성에 특색을 주는 주요 변수가 된다.

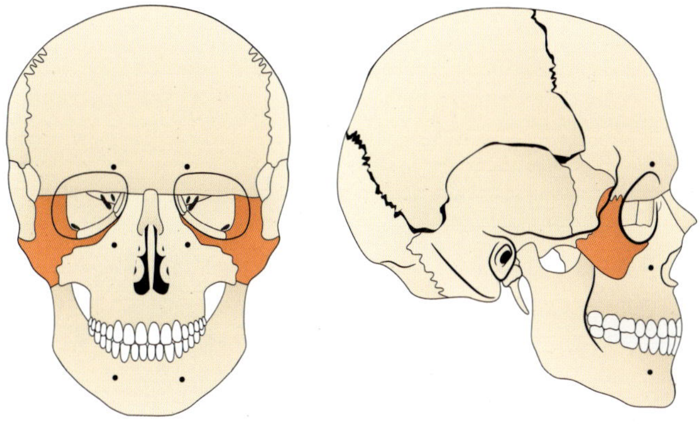

그림 2-31 관골의 외면과 내면(우측)

⑦ **구개골**입천장뼈, palatine bone

구개골은 접형골과 상악골 사이에 있는 L자형의 한 쌍의 작은 뼈로 제각기 수평판과 수직판으로 나뉘어서 이름이 붙여져 있다. 수평판은 비강과 구강에 향하고 있으므로 비강면, 구개면이라고 한다. 수직판은 상악동의 안쪽을 차지함과 동시에 비강의 외측면 뒤를 차지하므로 비강면이라고 한다.

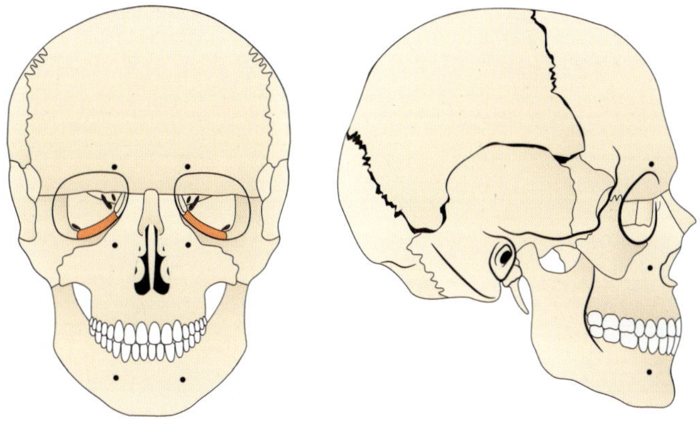

그림 2-32 구개골(후면)

⑧ **하비갑개**아래코선반뼈, inferior nasal concha

하비갑개는 조개껍질의 모양으로 비강의 외측벽을 이루는 한 쌍의 독립골로 비갑개 중 가장 큰 비갑개로 사골의 중비갑개 아래에 위치하며 상악골, 구개골에 부착하고 있다. 이 뼈를 경계로 해서 상하의 중비도와 하비도로 나뉘어지며 하비갑개의 모양은 개인에 따라 차이가 크다.

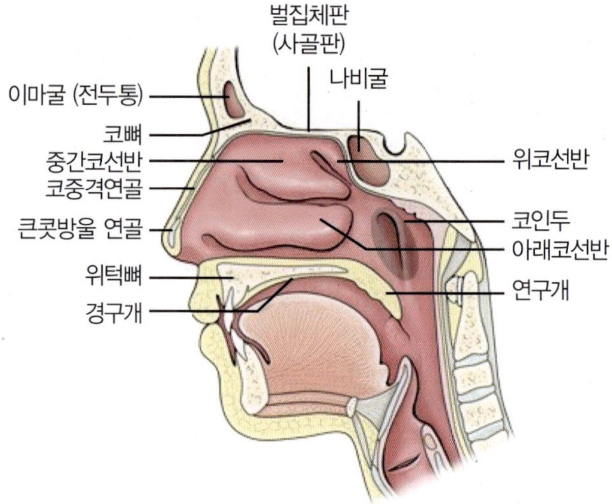

그림 2-33　하비갑개

⑨ **설골**목뿔뼈, hyoid bone

설골은 혀와 후두융기 사이의 설근 속에 위치한 U자형의 작은 뼈로 다른 뼈와 직접 관절을 이루지 않는 유일한 뼈로 좁은 경상설골인대에 의해 측두골의 경상돌기에 고정되어 있다. 많은 근육과 인대가 부착되고 있으며 혀를 움직이고 연하작용을 돕는 근육의 부착점 역할을 한다.

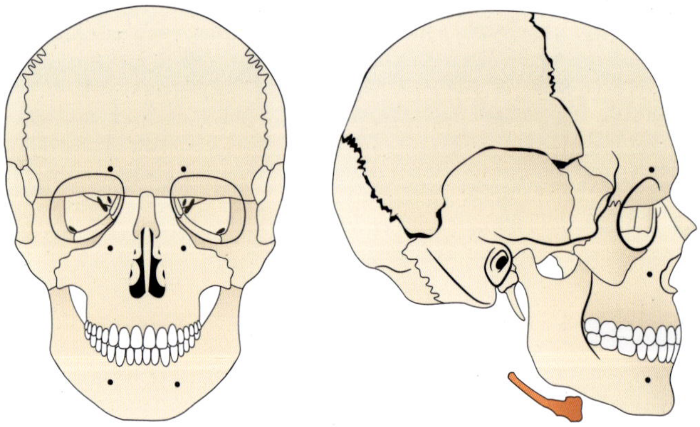

그림 2-34　설골

Chapter 3

관련 요법

1. 경락經絡마사지

1. 경락의 개념

경락經絡이라 함은 12경맥의 모든 장부에 연결되어 있으며 음양으로 구별되고 수족으로 나뉜다. 인체의 내측은 음이 되고, 외측은 양이 되며 손으로 흐르는 것은 수경水經이 되고 발로 흐르는 것은 족경足經이 된다.

이러한 것을 근거로 음경은 수삼음경과 족삼음경으로 나누고 양경은 수삼양경과 족삼양경으로 나뉘는데, 음양의 성쇠에 따라 삼음三陰은 태음太陰, 소음少陰, 궐음厥陰으로 나뉘고 음이 가장 성한 것은 태음이 되며, 소음, 궐음의 순이 되고, 삼양三陽은 양명陽明 태양太陽 소양少陽으로 나뉘는데 양기陽氣가 가장 성한 것은 양명이며, 태양, 소양 순이 된다.

음양陰陽은 사전적으로 천지 만물의 서로 반대되는 두 가지 성질로 정의되며, 이것은 자연계에 존재하는 사물 또는 현상간의 대립된 두 관계 또는 사물 내부에 존재하는 서로 양립되는 두 측면으로 설명된다. 미용을 위한 경락관리에 있어서 음양은 기氣와 마찬가지로 경락에 앞서 우선 이해되어야 하는 부분이다. 우주만물을 음양陰陽으로 구분하듯이 경락 또한 음陰과 양陽으로 구분하며, 인체의 부위와 생리기능에 대한 설명도 음陰과 양陽으로 구분할 수 있다.

즉, 인체의 미용변이와 관계하여 장부의 기능 및 기氣의 생리활동이 음陰과 양陽의 특징과 속성에 따라 이루어지고 미용변이의 형태 및 부위, 미용변이의 개선을 위한 방법 등도 음陰과 양陽의 속성에 따라 규명되고 적용된다.

오행五行은 출생운기를 분석하여 목木, 화火, 토土, 금金, 수水의 다섯 가지 중에서 대표체질을 정의한다. 출생운기는 출생 년, 월, 일, 시를 기준으로 하여 음양과 오행의 태과太過와 불급不及을 분석할 수 있으며, 이를 통해 선천적으로 구성된 오행의 태과太過, 불급不及 상태를 유추하여 대표체질을 정의 내린 후 그 밖에 오행의 상생相生, 상극相剋 관계를 살펴 타 행行의 지나침과 부족을 동시에 파악하여 미용변이 개선에 유효한 방법을 제시한다.

경락은 장부와 기관, 근육과 피부, 오관五官과 구규九竅를 계통적으로 긴밀하게 연결하며 이를 통해 인체는 생리적, 병리적으로 상호 반응하는 유기체로 구성된다. 기혈을 운행시켜 전신에 영양을 공급하고 외부의 사기를 막아내고 기체를 보호하며, 감응을 전도하고 허실을 조절한다. 또한, 병후를 반영시키며, 장부에 변이가 발생되면 경락관계에 의해 체표에 그 반응점이 나타나며 병사를 전달하기도 하며 자극 등 치료효과를 전달한다.

경락은 종횡縱橫으로 흐르며 기혈운화氣血運化의 통로가 되고, 오장육부는 물론 사지말단까지 전신에 영양을 공급하여 정상적인 신체리듬을 갖게 하며, 어떠한 원인에 의해 장부의 기능이 실조되면 경락을 통하여 체표에 반응한다. 피부표면에는 색택의 변화 등으로 나타나며 압통점이나 과민부위를 통하여 장부의 이상 유무에 반응한다. 경락은 인체 내외의 통로가 된다. 외사가 침입하면 경락의 통로를 통하여 장부에 유입되어 변이를 야기시켜 장부에서 발생한 변이를 외부로 드러내기도 한다. 이러한 변이는 경락의 전도 작용을 이용하여 개선한다.

2. 경락마사지의 개념

경락마사지는 동양의학의 철학적 의학사상인 '경락'이라는 개념과 서양의학의 수기술인 '마사지'의 개념을 결합한 수기요법이다.

경락의 체표반사점인 경혈부위를 마사지함으로써 인체에 흐르는 에너지의 길인 경락의 흐름을 원활하게 하는 치유 효과가 있다. 경락마사지는 체형 및 비만관리, 건강관리, 노화예방, 피부탄력유지 등의 미적인 효과를 겸비한 건강회복 등 다양한 임상경험에 토대하는 건강 마사지법이다.

경락마사지는 경락학설에 근거를 두고 경락선이 존재하는 경혈점에 손바닥, 손가락, 팔꿈치, 발, 무릎 등의 신체 부위를 이용하여 압을 주거나 문지르는 방법으로 인체에 기와 에너지를 부여하는 마사지 기법이다. 이는 우리 몸을 흐르고 있는 기의 순행로라 할 수 있는 경락을 자극하여 개개의 경락과 관계를 맺고 있는 장기에 보다 나은 영향을 주기 위한 동작들로 이루어져 있다.

경락마사지는 손을 이용하여 피술자의 체표 위에 과학적 원리와 전문적인 수법손동작을 운영하여 시술효과에 도달하게 한다. 따라서 일체의 도구를 사용하지 않는 수기요법으로 일정한 생체적 기를 발생, 유지시켜 적용부위의 흐름에 따라 경락의 수기법을 적용하여 자율신경계를 조절하고 내장기능을 원활하게 하여 피부미용은 물론 노화방지 및 인체의 자연치유력을 증가시켜주는 마사지기법이다.

경락마사지는 수삼음경, 족삼음경, 수삼양경, 족삼양경, 즉 12정경맥으로 나누어 관리하는데 이는 12개의 장부와 밀접한 관계를 이루고 음양에 따라 서로 표리관계를 이루며 각 경맥들은 인체의 체표면에서 일정한 규칙을 가지고 운행하고 있는데 기인한다.

오장은 음에 속하여 인체의 음경맥 부위 즉 내측으로 순행하고, 육부는 양에 속하여 인체의 양경맥 부위 즉 인체의 외측으로 순행한다. 사지도 음양으로 구분하여 음경에는 태음경, 소음경, 궐음경이 있고, 양경에는 태양경, 소양경, 양명경이 있어 만물의 발생 변화의 동력과 만물 성장의 근원에 따라 나뉜다.

기혈혈액을 순환하여 촉진시키기 위해서는 임맥, 독맥 경락마사지가 좋고 정신을 맑게 하기 위해서는 얼굴 마사지, 목마사지, 후두부마사지가 적당하다. 또한, 전신 생체조절 기능을 향상시키기 위해서 복부와 사지마사지를 할 경우에는 가벼운 운동, 복식호흡 등을 함께 시행하는 것이 좋으며, 피로와 심리적 불안은 발목, 손목, 겨드랑이와 눈 주변과 코 마사지가 적합하다.

신장이 좋지 않으면 독맥마사지와 선골마사지를 함께 겸하고, 오십견견비통과 신체 부정위를 개선하기 위해서는 목마사지, 어깨마사지, 임맥, 독맥 경락테라피가 효과적이다.

피부미용에서의 경락마사지는 신진대사의 활력, 혈액순환 촉진, 독소와 노폐물 배출, 기혈의 순행 촉진 등으로 인한 슬리밍의 촉진, 통증완화 등의 효과를 가진다. 얼굴에 나타나는 미용적 변이는 단순히 얼굴부위의 문제에서 출발하는 것이 아니라 신체의 전체적인 문제에서 기인하므로 전인적이며 통합적인 체질분석이 필요하다. 따라서 안면 관리라 하더라도 전인적인 경락 관리가 필요하며, 먼저 배부의 12수혈과 복부의 12모혈의 관리를 선행하고 미용적 변이가 나타나 있는 부위에 해당 경맥을 관리해 주는 것이 중요하다.

얼굴은 혈락이나 세락 등의 낙맥이 모인 양경의 집합장소이기도 하며 피상으로 표출된 부위이고 특히 볼 부위는 폐경락과 관계하는 예민한 부위이다. 모든 경락마사지에서 강약조절이 중요하지만, 혈의 뭉침이 많은 사람일 경우 한 번 관리 시에도 얼굴에 멍이 들 수 있으므로 주의해야 한다. 특히, 여드름 관리 시에는 문지르기와 같은 강한 자극은 피해야 하며 혈을 자극할 정도로만 관리한다. 주요 관리 경락과 경혈에는 위경, 대장경, 소장경, 담경, 삼초경, 방광경, 승읍, 사백, 거료, 지창, 대영, 협차, 하관, 두유, 권료, 청궁, 화료, 영향, 동자료, 청회, 정명, 찬죽, 인영, 수돌, 기사, 부돌, 천장, 천창, 천용이 있다.

경락마사지는 한의학에서 기氣의 통로인 경락과 서양의학의 수기요법인 마사지가 결합된 것을 의미한다. 경락마사지는 치료 요법 역사중 가장 오래되고 효과적인 요법으로 알려져 있다. 동양의학과는 반대로 서양의학은 신체의 표면 마사지에만 관심을 두었다. 이러한 단점을 보완하여 경락마사지는 기氣의 흐름에 따라 몸음과양의 균형을 바로 잡고, 경혈을 자극하였다.

경락마사지는 오장 육부의 기혈순행을 조절하여 체내의 자연치유력을 향상시키는 효과를 가지고 있다. 수천년이 지난 오늘까지도 경락마사지는 의학적, 물리학적, 철학적 요소로 인간의 삶을 변화하는데 큰 역할을 하고있으며, 동양치료의 근간을 이루고 있다.

3. 얼굴을 지나는 경락선

얼굴을 지나는 경락에는 위경, 대장경, 방광경, 담경, 삼초, 소장 경락이 있고 기경 팔맥 중에 임맥, 독맥이 지나간다.

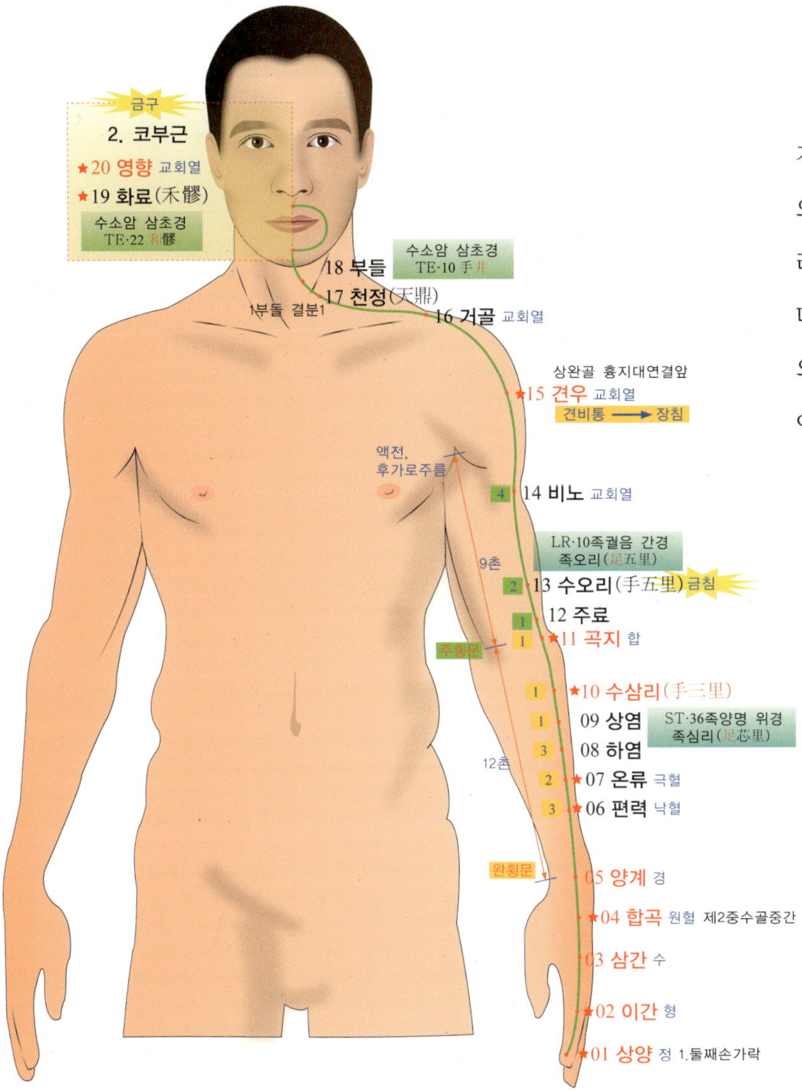

(1) 수양명대장경

화료 → 영향

수양명대장경의 얼굴 경락은 얼굴의 붓기, 눈의 붓기, 목의 붓기를 가라앉힐 때 많이 이용한다. 뿐만 아니라 눈과 코의 질환 완화에도 널리 이용되고 있다.

(2) 족양명위경

승읍 → 사백 → 거료 → 지창 → 대영 → 협거 → 하관 → 두유

족양명위경의 얼굴경락은 삼차신경 통증을 가라앉히는데 이용되며, 얼굴 전반적인 부위 통증개선에 도움을 준다.

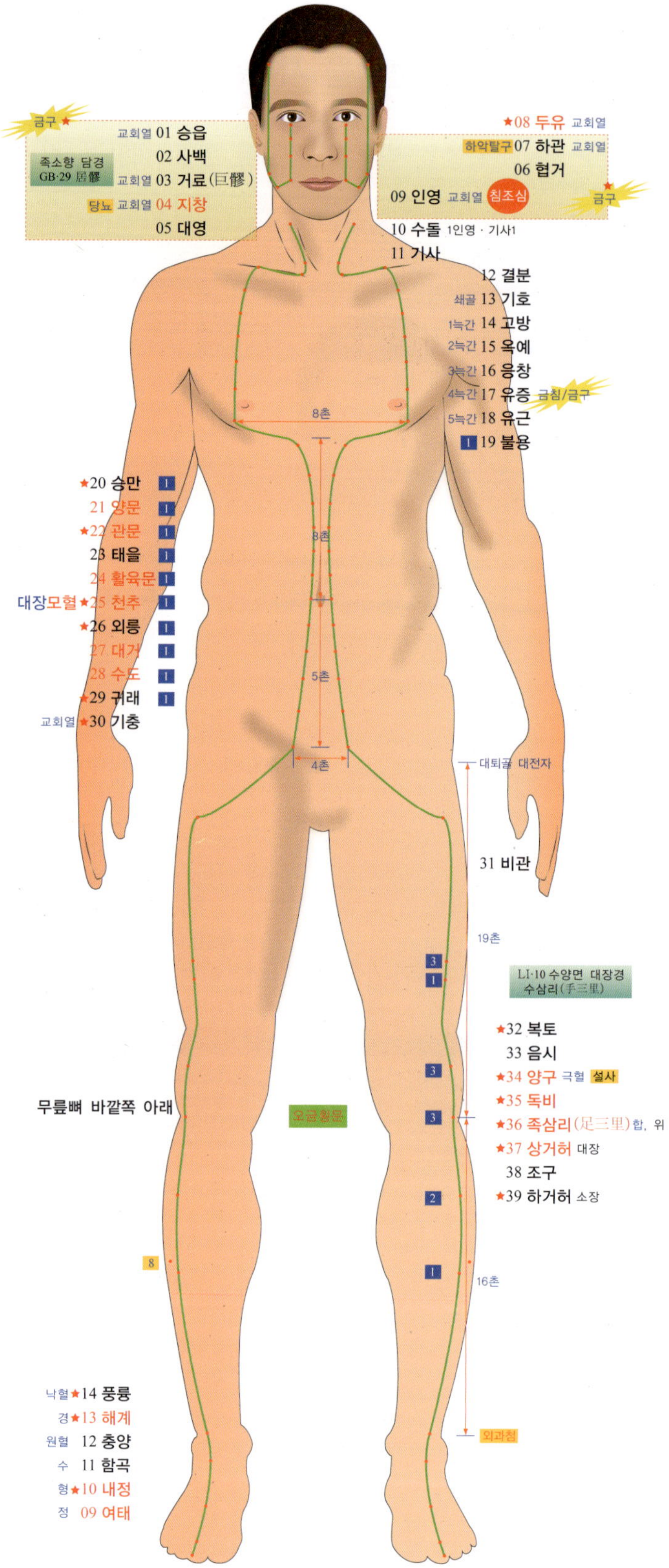

(3) 수태양소장경

천용 → 권료 → 천궁

수태양소장경의 얼굴경락은 저림현상이나 붓기현상을 완화하는데 도움을 준다. 그밖에 잘못된 자세로 숙면을 취할 때 경직되어있는 목이나 턱의 근육이완에 도움을 준다.

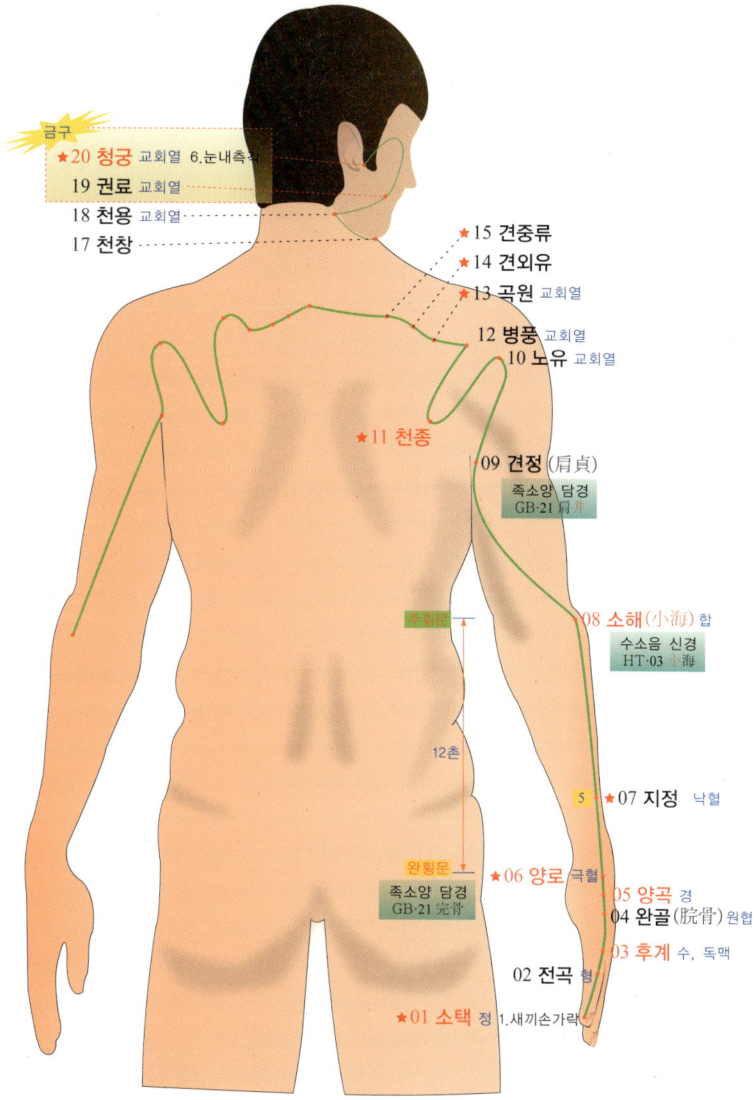

(4) 족태양방광경

찬죽 → 정명

족태양방광경 얼굴경락은 눈안의 붓기나 통증완화에 효과가 좋으며, 코후두와 관련된 질환 개선에 도움을 준다.

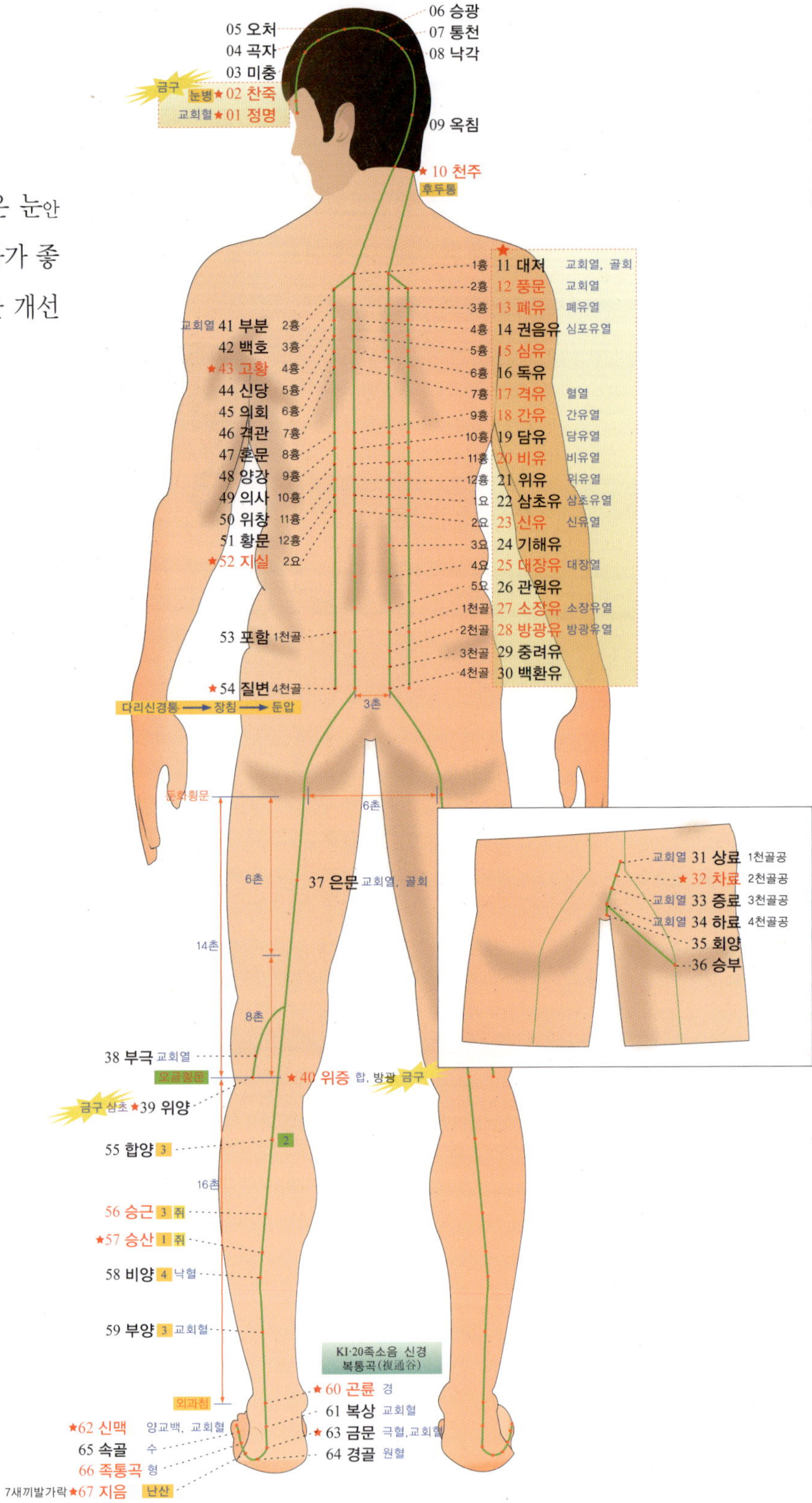

(5) 수소양삼초경

천유 → 예풍 → 계맥 → 노식 → 각손 → 이문 → 화료 → 사죽공

수소양삼초경 얼굴경락은 눈안과, 코후두의 통증완화에 도움을 많이 준다. 뿐만 아니라 염증개선에 효과적이다.

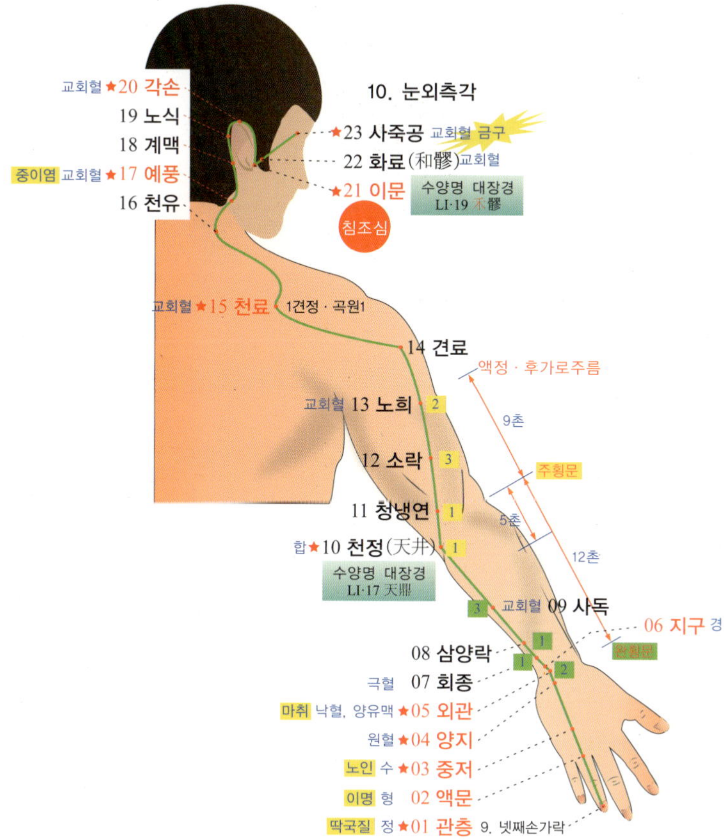

(6) 족소양담경

동자료 → 청회 → 상관 → 함염 → 현로 → 현리 → 곡빈

족소양담경의 얼굴경락은 편두통증상을 완화할 때 주로 이용하며, 귀질환에 개선효과가 있다.

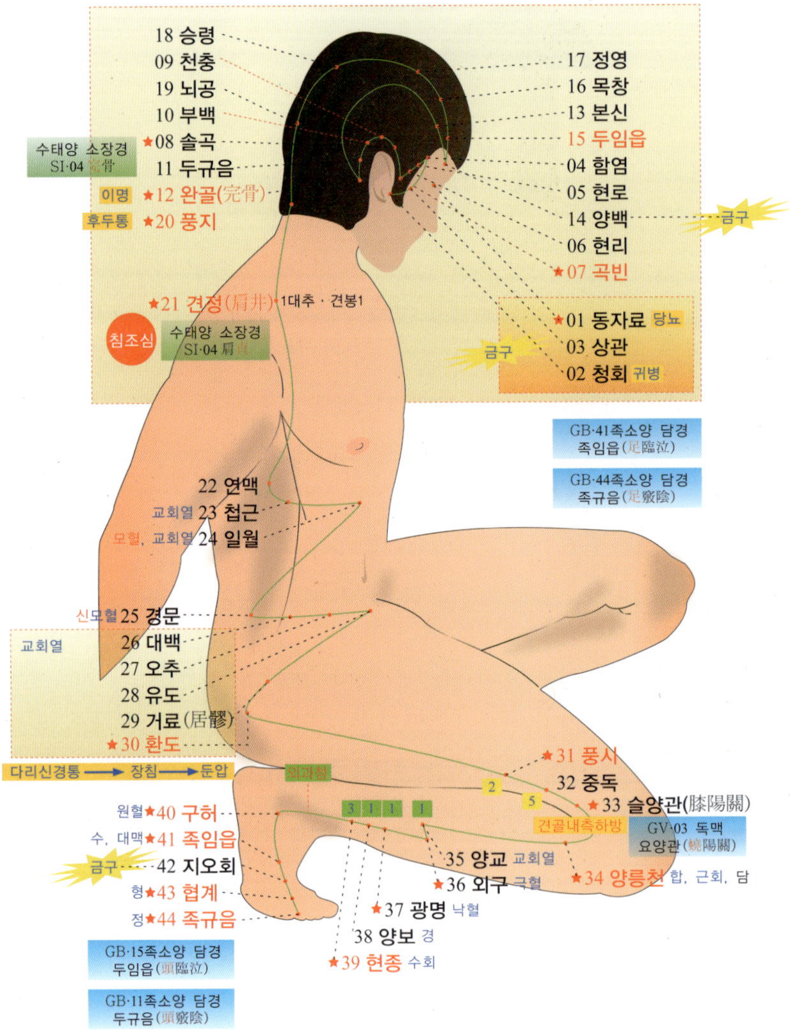

(7) 임맥

온 몸의 음경과 연결되는 임맥은 음경의 기혈을 조절하고 음맥지해라고 부른다. 또한 포에서 시작되어 자궁과 연결되므로 여자의 월경, 대하, 임신과 관계가 깊다.

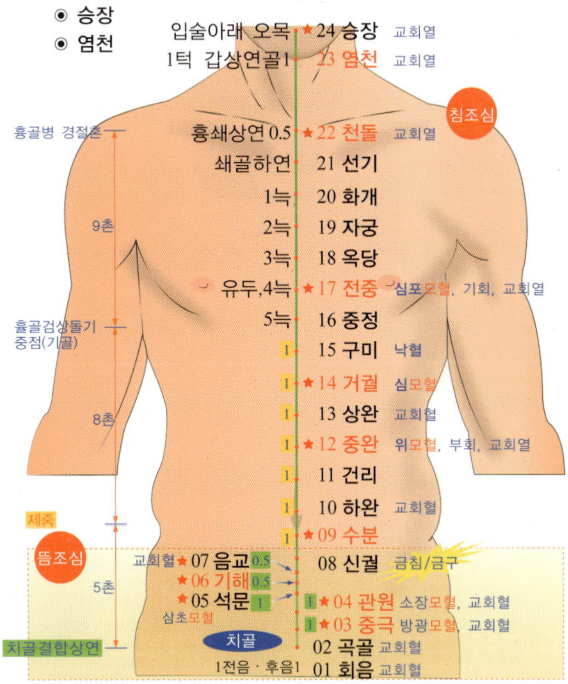

(8) 독맥

독맥은 양경의 기혈을 조절하는 기능을 가지며, 양맥지해라고도 부른다. 또한 독맥은 생식 기능을 주관하며 뇌, 수, 신의 기능을 반영한다.

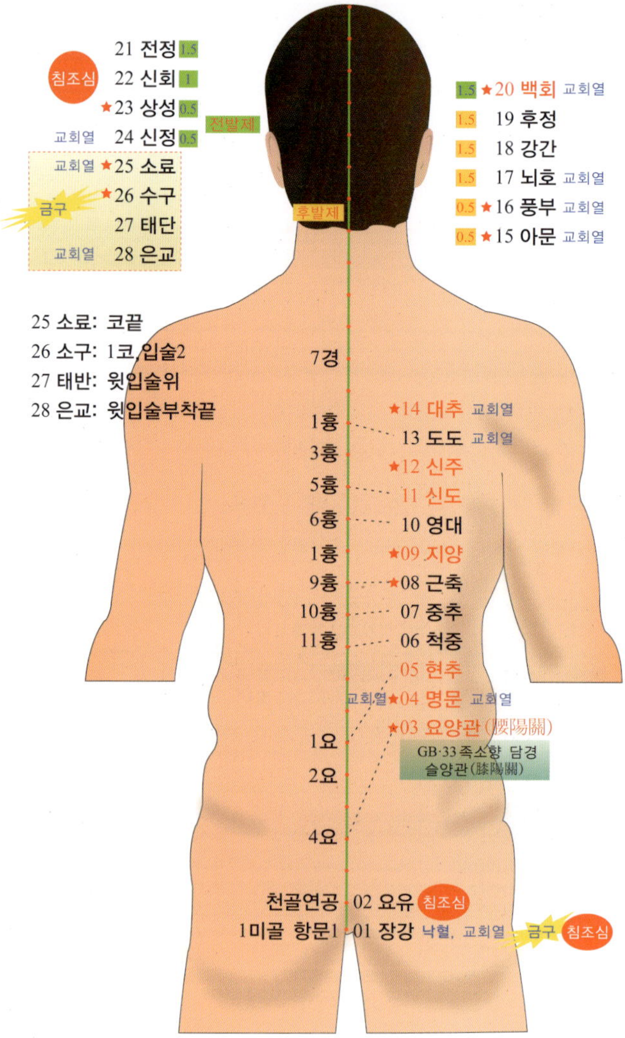

4. 음양론

음양론이란 모든 사물을 음과 양으로 분류하는 것을 의미한다. 생물과 무생물 모든 사물을 음과 양으로 나누며, 두 가지로 분류한다. 양을 한자로 풀어보면 음은 그림자부분을 의미하고 양은 햇빛이 비치는 모양을 나타낸다.

음양론에서 그늘과 햇볕을 나누어서 말하는 것이 아니라 세상에 모든 것은 대립적인 면을 가지고 있고, 그늘과 햇볕의 관계처럼 대조적인 모든 사물을 비유 할 수 있다. 낮과 밤이 존재하고, 여자와 남자가 존재하듯 음양론은 모든 대조적인 것을 대표할 수 있는 이론이다. 음양론에서 음과 양을 구분할 때 정적이고 조용한 것을 음이라고 말하고, 활동적인 것을 양이라고 한다.

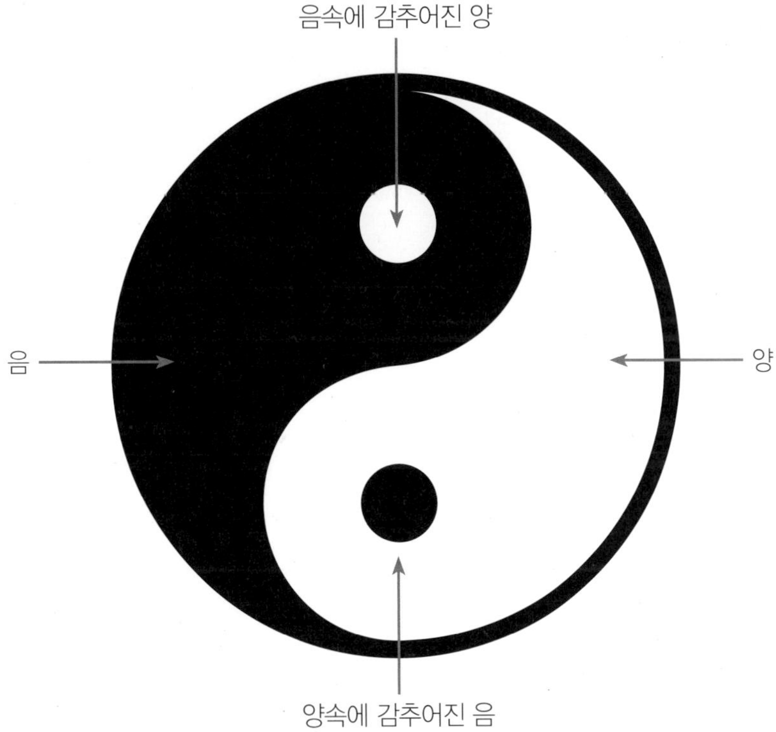

5. 오행론

오행론은 자연과 사물을 목 화 토 금 수 다섯 가지의 관계변화에 대한 이론을 의미한다. 우주의 만물을 이루는 목화토금수의 생성과 소멸을 끊임없이 반복하는 것을 의미한다. 오행론은 단순히 다섯 가지의 속성 자체만을 뜻하는 것이 아니라 물질의 상호작용을 보는 것을 의미한다.

오행론의 상생관계에는 서로를 복돋아주고 적극적으로 뒤를 밀어주는 관계를 의미한다. 더불어 살아가는 서로 돕는 관계를 상생이라고 하고 목생화, 화생토, 토생금, 금생수, 수생목이 있다. 목생화는 나무는 불을 타오르게 한다. 화생토는 불은 열기로 흙을 강하게 한다. 토생금은 흙 안에서 광물을 추출할수 있다. 금생수는 광물은 물을 가지고 있다. 수생목은 물은 나무를 살게 하는 공급원이 된다.

오행론에서 상극관계는 서로를 견제하고 억제하는 관계를 의미한다. 한 사물의 기능을 통제하고 생장을 제약하는 관계를 상극이라고 하고 목극토, 토극수, 수극화, 화극금, 금극목이 있다. 목극토는 나무는 흙의 양분을 앗아간다. 토극수는 흙은 물을 자연스운 흐름을 막는다. 수극화는 활활타오르는 불을 물이 꺼버린다. 화극금은 불은 광물을 녹여버린다. 금극목은 광물은 나무를 자를 수 있는 톱이 되어 자르고 베는 데 쓰여진다.

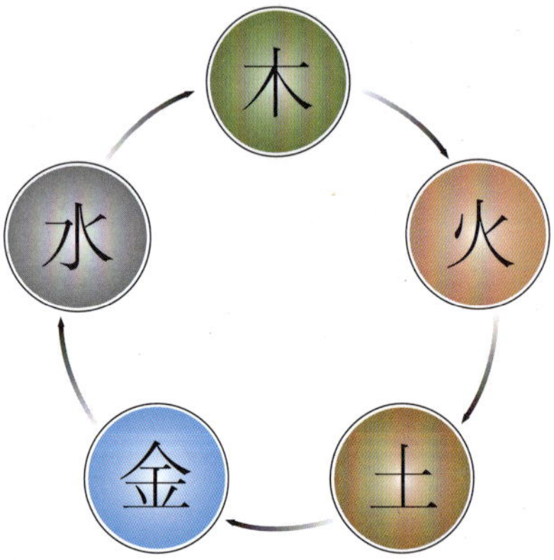

그림 3-1 오행의 상생도

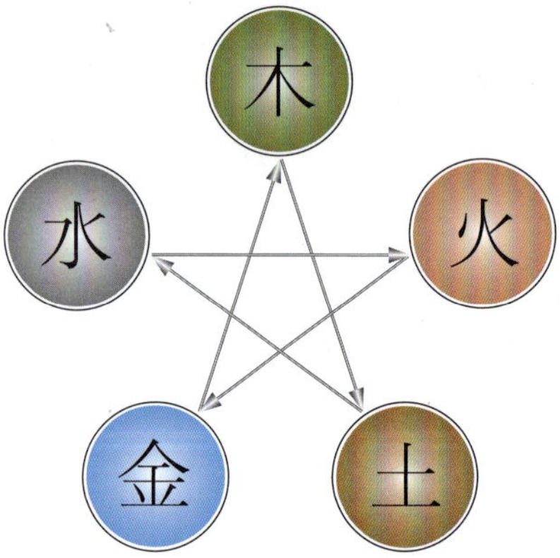

그림 3-2 오행의 상극도

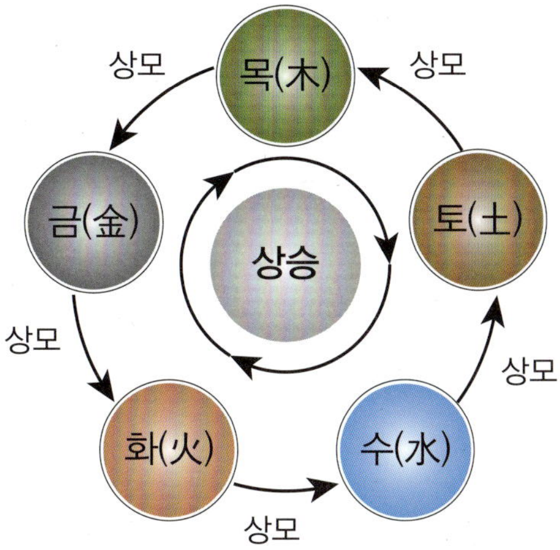

그림 3-3 오행(五行) 상승, 상모 모형

오행론에서 상승의 한자를 보면 承승은 몰아세운다 받들다 등의 뜻을 의미하며, 상극 관계에서 벗어서 병적으로 심각해진 상황을 이야기한다. 예를 들어 상극인 목극토에서 목은 토를 억제하고 견제하는데 목이 비이상적으로 커지면서 토가 목을 견디지 못하게 되고 토가 기를 못펴게 만들어 버린다.

오행론에서 상모의 한자를 보면 侮모는 상대를 업신여기고 자신의 강함을 과시하는 것을 의미한다. 상모는 상극의 반대로 제약을 한다. 예를 들어 목모금에서 금이 목을 억제하고 견제하는데 목이 비이상적으로 커지거나 금이 병적으로 약해지면 금이 목을 억제하지 못하고 오히려 목이 금을 제약해 버린다.

(1) 장부의 표리관계

음	장	리	간	심	비	폐	신
양	부	표	담	소장	위	대장	방광
오행			목	화	토	금	수
역할			운동	순환	소화	호흡	배설, 생식
기능			발생기능	추진기능	통합기능	억제기능	침정기능
주관			근(筋)	맥(脈)	육(肉)	피모(皮毛)	뼈(骨)
상태를 알 수 있는 부위			눈	혀	입	코	귀
증상이 나타나는 부위			손톱	얼굴	입술	솜털	머리카락

(2) 오행의 배속

구분	목木	화火	토土	금金	수水
천양	갑甲	병丙	무戊	경庚	임任
간음	을乙	정丁	기己	신莘	계系
지양	인寅	오午	진辰 술戌	신申	자子
지음	묘卯	미未	축丑	유酉	해亥
오색	청, 녹	적, 홍	황	백, 회	검, 보
오장음	간장	심장	비장	폐	신장
오부양	담쓸개	소장	위장	대장	방광
오방	동	남	중앙	서	북
오계	봄	여름	환절기	가을	겨울
오미	신맛酸	쓴맛苦	단맛甘	매운맛辛	짠맛鹹味
오시	아침	낮	한낮	저녁	밤
오음	각	치	궁	상	우
오상	인仁	예禮	신信	의義	지智
오변	생기	왕기	둔기	숙살기	사기
오기	풍風	열熱	습濕	조燥	한寒
오지	노함怒	기쁨喜	우울思	슬픔悲	두려움恐
오관	눈	혀	몸	코	귀
신체	신경계	순환계	근육계	조직계	혈액계
입속	맛보기	혓바닥	입술	치아	침
오체	근筋	혈血	육肉	피모皮毛	골수骨髓
오성	호乎	소笑	가歌	울 곡哭	신음 신呻
오액	눈물 읍泣	땀 한汗	침연涎	콧물 제梯	침뱉을 타唾
오취	누린내 조燥	불냄새 초焦	단내 향香	비린내 성腥	썩은내 부腐
오정	혼魂	신神	의意	백魄	지志
오사	교육	사업	종교	혁명革命	법관法官
인생	소년기	청년기	중년기	장년기	노년기
상극	목극토	화극금	토극수	금극목	수극화
상생	목생화	화생토	토생금	금생수	수생목

6. 칠정

얼굴 형에 영향을 주는 칠정七情은 7가지 마음의 작용이라고 말하며, 사람의 뇌에서 펼쳐지는 의식. 사유, 기억, 정서 등의 정신 활동 들을 총괄하는 개념을 한의학에서는 신神이라고 표현하며 정신할 때 신도 이에 해당된다. 이렇게 우리 몸에 신에는 5개가 있어 5신이라고 표현하며 神신, 魂혼, 魄백, 意의, 志지이다. 이 5가지 몸을 주관하는 정신의 아래에 정서 활동을 하는 7가지 감정을 한의학에서는 칠정 으로 분류한다.

희喜, 기뻐하는 것 · 노怒, 성내는 것 · 우憂, 우울해하는 것 · 사思, 근심하는 것 · 비悲, 슬퍼하는 것 · 경驚, 놀라는 것 · 공恐, 겁내는 것 이렇게 사람의 마음속에 있는 성性품이며 성질이다. 생명, 성으로 사람 사물 따위의 본 바탕이나 본성, 사람이 나면서부터 지닌 성품이 근본이 된다.

7가지의 정서 상태를 통틀어서 뜻하며, 오장의 기능과 밀접하게 연관이 되어 있어 생리와 병리에 직접 영향을 끼칠 수 있다. 7가지 감정이 지나치게 넘치거나 부족하게 되면 오장6부에 영향을 수어 병을 일으킬 수 있나고 하녀, 먼저 내장 장기에 병이 생겨속병, 대표적으로 "울화병"서 정서 활동에 영향을 주기도 하는 7가지 감정을 칠정이라고 한다. 울화로 생기는 얼굴의 증상은 다양하고 사람마다 다르기에 내 얼굴 중 어디에 힘을 주는지 아는 것도 중요하다

내 감정은 얼굴 근육에 표현을 하며 내 감정에 따라 얼굴형이 달라지기도 한다. 또한 얼굴 근육의 변화는 크게 외인, 내인으로 구분을 하는데 내인은 칠정으로 표현하며, 외인은 풍風, 한寒, 서暑, 습濕, 조燥, 화火로 개개인에게 맞는 날씨, 온도, 바람, 습도 같은 외적인 조건에 영향을 받아 몸의 변화가 나타나면 얼굴로 표현된다.

① 희喜, 기뻐하는 것

정서적으로 심장心臟이 주관하는 기쁨과 유쾌한 감정의 표현이다. 사람에게 적당한 기쁨이 있으면 내 몸을 편안하게 순환하게 하고, 순조롭게 하며 몸도 마음도 편안하고 맑아지는데 지나치게 기뻐하면 도리어 다른 장부의 기능의 저하가 올 수 있고, 정신집중이 안될 수 있으며 얼굴은 늘 웃음이 지나쳐 얼굴에 힘을 잃어 보이게 할 수도 있다.

② 노怒, 성내는 것

화를 내는 마음은 우리 몸에서 간장肝臟이 주관하는 정서이며, 억울하거나 불합리하다고 생각되는 상황일 때 마음의 분노가 심해지면서 장부로는 간의 대사 기능의 균형을 잃어 순화 기능에 영향을 주어 얼굴에 인상을 쓰거나 광대가 두드러지게 튀어 나오는 경향이 있다. 특히나 사람들 중 많은 사람들이 화가나노 하여 울화병이 발병하기도 한다.

③ 우憂, 우울해하는 것

마음이 저 아래로 내려 가는 느낌이며 우는 폐장肺臟이 주관하는 정서로 한숨을 자주 쉬며 맥이 풀려 무기력한 상태가 되며 한숨이 잦거나 아무것도 할 수 없는 무기력한 상태가 되기도 한다. 얼굴은 힘이 없으며 피부가 하얗게 되어 탄력을 잃은 피부가 되며 가슴이 답답하여 손으로 가슴을 때리는 증상도 있다.

④ 사思, 근심하는 것

생각하는 것은 비위脾臟가 정서적으로 주관을 하며, 근심하고 걱정하고 깊이 고려하여 생각이 지나치게 많으면 그 쪽으로 기가 몰려 기 순환이 막혀 밥 맛을 잃게 되고 비위의 기능이 자꾸 생각하는 쪽으로 집중하여 순환보다는 한쪽에 더 집중되게 한다. 이때 비위 기능이 떨어져 소화가 안되고 멈추는 느낌이 있다.

⑤ 비悲, 슬퍼하는 것

정서로 우憂와 함께 폐장肺臟이 담당을 하며 슬픔이 많고 부정적인 생각과 느낌이 아주 강화되어 나타나는 반응이며 슬픔에 의하여 상실감이 지나치면 마음이 쭈욱 가라 앉고 그에 따라 몸의 기능 또한 침체되어 폐의 기능이 저하가 되어 한숨을 쉬며 답답한 몸의 증상과 얼굴에는 슬픔이 넘치는 형이 된다.

⑥ 경驚, 놀라는 것

갑자기 놀라운 일을 겪어 정신이 나가 혼미한 상태가 되거나 혼절한 상황이 되는데 이 또한 신장의 정서와 연결되어 있으며 사람은 두려움에 대한 위기 상황에 대하여 본능적으로 감지도 하고 대비도 하여 생명 활동을 지킬 수 있도록 돕는 기능을 한다. 경이 지나치면 정신 기능에 착오가 나올 수 있으며 몸도 마음도 지치게 만들 수 있게 된다.

⑦ 공恐, 겁내는 것

신장腎臟과 연결된 정서로, 두렵고 무섭고 정신이 극도로 긴장을 하거나 정신 차릴 수 없을 정도로 공포감이 있거나 놀라서 소변을 보는 경우이며 공포를 자주 겪는 사람은 신장, 소변 기능에 이상이 오며 얼굴 표정 또한 공포감이 있는 얼굴형이 되어 집중력도 올바른 판단력도 흐려지는 얼굴형이 된다.

칠정은 아주 생리적인 반응이고, 일반적인 상황에서 7가지 감정은 보편적이면 얼굴에 어떤 변화도 주지 않지만, 과한 스트레스는 정신 활동에 영향을 미치며, 너무 갑작스럽거나경이나 공, 너무 오래 이어지면 내 몸의 감정들이 정성에 영향을 주어 나만의 얼굴형이 나타나게 된다. 삶의 방향에 따라 얼굴형이 다르며 면상은 심상이라고 하는 이유이다.

경락의 원리는 생하여 정상적인 관계를 유지하고, 극하여 정상적인 관계가 되게 하여 모든 장부가 원활하게 기능을 할 수 있게 해준다. 우리 가 가지고 있는 7가지 감정을 잘 조절하여 피부톤도 얼굴형도 균형이 있는 얼굴형이 될 수 있게 정상적인 감성조설이 되고 감정의 안정을 위해 노력할 필요가 있다.

7. 장상학

장상학臟象學은 인체를 대상으로 인체에 내재된 오장장부의 생리기능과 병리변화를 통해 장부, 조직, 기관의 상호관계를 연구하는 학문이다. 고대의 명의들의 해부지식을 토대로 학술이론과 동양의 오랜 경험이 결합되어 장상학은 발전되었다. 장상학은 증상만 치료하기보다 안에 있는 원인을 제대로 파악해야지 질병을 치료할 수 있다고 하였다. 장상학은 외부에 나타난 증상을 토대로 오장 육부의 건강상태를 파악하고 어떤 장부에 무슨 문제가 있는지 연구하는 자연치유학이다.

서양의학의 해부생리학과 장상학은 유사하다. 오장 육부와의 관계는 물론 장부의 형태와 위치 등을 설명하고, 다른 장부와의 상호작용을 하고 있다. 황제내경에서 장상학은 "有諸內, 必形干外"를 이야기하는 데 내부에 존재하는 경우 반드시 외부에 나타난다고 하였다.

장臟은 한자로 감추는 것을 의미하며 인체가 장부 안에 감춰져있다는 것을 의미한다. 상象은 바깥으로 증상이 발현되어 육안으로 관찰할 수 있는 것을 의미한다. 장상학은 오장 육부와의 관계에 대해 색택, 정서, 사지를 통해 외부로 전달되는 장부의 상태를 이야기한다.

장상학의 장부별 생리 병리를 나누면 간과 쓸개, 심장과 소장, 비장과 위장, 폐와 대장, 신장과 방광, 심포장과 삼초부로 나눌 수 있다.

간은 봄의 기운인 춘기와 통하며 장군의 기관이라 분노를 통제하고 소통과 발설, 소설을 담당하고 있다. 그뿐만 아니라 담즙을 생성해 소화를 도모하며, 혈장기능을 담당하고 기혈을 소통해 혈액을 저장하고 눈과 근육을 조절한다. 간은 눈에는 눈물을 조절하고 근육을 주관하고 있으며, 손톱과 발톱에 건강상태가 나타난다.
이를 바탕으로 장상학과 관련된 간과 쓸개의 증상은 눈, 근육, 간장, 담낭, 목, 편도선, 고관절, 손톱, 발톱, 발, 담경과 간경과 관련된 증상들이 발현된다. 또한 간과 쓸개가 약해지면 지방간, 담석, A형 · C형 간염, 근육경련, 환도 관절통, 간경화, 간종양, 백태 현상, 저산증, 편도선 등의 증상이 발현된다.

심장은 정서 변화를 조절하는 군주의 기관이며, 기쁨을 주관한다. 뿐만 아니라 열을 싫어하는 특성을 가지고 있고 맥, 혈액, 정신, 의지, 땀을 관장하며 얼굴에 건강 상태가 나타난다. 이를 바탕으로 장상학과 관련된 심장과 소장의 증상은 심장, 소장, 얼굴, 혀, 독맥, 상완, 혈액과 혈관, 땀, 명치, 3번 · 4번 · 5번 요추, 거궐, 땀과 관련된 증상들이 발현된다. 또한 간과 쓸개가 약해지면 지방간, 담석, A형 · C형 간염, 근육경련, 환도 관절통, 간경화, 간종양, 백태 현상, 저산증, 편도선 등의 증상이 발현된다.

비장은 사고를 주관하고 식욕과 연관이 있으며, 체내의 기혈의 중심이고, 땅과 유사하여 비토라 불린다. 위장은 위와 창자를 아울러 이야기하며 섭취한 음식을 소화시키고 오장 육부에 영양분을 공급하는 기능을 하고 있다. 뿐만 아니라 살과 사지를 담당하고 있어 장상학과 관련된 비장과 위장은 입, 입술, 췌장, 유방, 복통, 슬관절, 살, 대퇴부와 관련된 증상들이 발현된다.

또한 비장과 위장이 약해지면 구내염, 구순염, 구취, 구안와사, 눈 떨림, 소화장애, 속 쓰림, 위궤양, 위무력, 피부 통증, 비만, 수전증, 유방질환, 지방간 등이 발현된다.

폐는 상초에 위치한 장부이며, 체내의 기와 호흡을 담당하고, 외부로부터 해로운 것을 막아주는 기능을 하고 있다. 폐는 몸 안에 물을 돌아가게 하고, 기능이 장애가 되면 숙강작용으로 몸에 부종이 생긴다. 폐와 대장이 슬픔으로 약해지는데 그로 인한 충격은 장부에 손상을 입는다.

이를 바탕으로 장상학과 관련된 폐와 대장의 증상은 임맥, 손목관절. 맹장. 항문, 직장, 피부와 관련된 증상들이 발현된다. 또한 폐와 대장이 약해지면 폐종양, 폐결핵, 대장종양, 손목 관절 통증, 피부종양, 맹장염 등이 발현된다.

신장은 척추 양쪽에 각각 1개씩 있으며 강낭콩 모양으로 성장과 생식능력 생식기능을 관장하는 장부이다. 신장은 정기를 저장하고 뼈를 튼튼하게 하고, 귀를 열어 청력을 갖게 하고, 뇌와 골수를 활발하게 한다. 신장은 머리카락으로 건강 상태가 나타난다. 신장과 방광은 공포에 민감하며 밀폐공포증, 고소공포증 등 어두운 곳에서 공포를 느끼는 것을 의미한다. 이를 바탕으로 장상학과 관련된 신장과 방광의 증상은 머리카락, 골수, 생식기, 종아리 발목관절, 오금, 음부, 타액, 치아 등과 관련된 증상들이 발현된다. 또한 신장과 방광이 약해지면 신장성 고혈압, 골수염, 골다공증, 소변 이상, 종아리 통증, 골다공증 등이 발현된다.

심포장은 고대 의서에 심장을 둘러싸고 있는 막이라고 이야기하지만 현대의학에서는 무형의 장부이며, 삼초는 기를 조절하는 장부이다. 삼초 또한 무형의 장부이며, 전신의 장부조직에 기의 출입을 관장한다. 하지만 한의학에서는 무형이 아니라 무정형의 의미로 보고 있다. 심포장과 삼초부는 스트레스와 감정에 약해지는데 신경정신과적인 기능과 연관된 장부에 손상을 입는다.

이를 바탕으로 장상학과 관련된 심포삼초경, 견관절, 음유맥, 양유맥, 감정, 면역력, 자연치유력, 호르몬 계열 등과 관련이 있다. 또한 심포장 삼초부가 약해지면 호르몬계 이상, 우울증, 신경성 통증, 신진대사 불균형, 부정맥 등이 발현된다.

2. 림프마사지Lymph massage

1. 림프의 개념

림프는 모세혈관 벽을 통해 스며 나온 액체가 재흡수되지 않고 남은 조직액을 의미한다. 조직액은 혈장에서 만들어져 확산과 여과로 모세혈관을 통과한 물질과 액체로 이루어져 있으며 신진대사의 중요한 물질로 세포에서부터 영양액을 운반하는 간질성 림프뿐만 아니라 간접적으로 수억만 개의 세포 원형질 내를 순환하는 세포내액을 포함하기도 한다.

림프계는 인체의 면역계를 형성하는 방어기전으로 조직액이 유출되어 모아진 림프가 순환계로 유입되는 통로를 말한다. 말초조직 사이에서 모세 림프관이 시작되어 림프절에서 이물질을 여과하고 림프구를 첨가한 후, 심장 가까이 있는 정맥으로 합류한다.

림프절은 림프액이 정맥으로 들어가 혈액의 일부가 되기 전에 각종 노폐물과 세균 등 유해물질을 여과하고 정화시켜 주는 곳으로, 림프절 내에서는 특수세포인 모세포와 대식세포가 있다. 림프절의 크기나 수는 사람마다 차이가 있으나, 직경이 2~30mm로 다양하며 약 400~700개 정도가 존재한다. 특히 목 부분에 가장 많이 분포하여 약 170~200개, 액와에는 20~30개 존재하며, 이 외에 서혜부, 흉강, 장기, 골반 등에 분포한다. 림프체계는 나이가 들면서 점진적으로 퇴화하므로 이를 지연시키기 위해 정기적인 림프배농 마사지, 즉 림프드레나쥐가 필요하다.

2. 림프마사지의 개념

림프마사지는 압이 들어가지 않은 수기마사지로 손을 이용해 림프의 배출을 촉진시키는 방법이다. 림프배농 마사지, 림프드레나쥐Lymph Drainage, 림프배액 마사지 등의 여러 형태로 불리어지고 있지만 국제적으로 통용되는 전문 용어는 MLDManual Lymphatic Drainage이라고 한다.

림프마사지가 우리 몸에 미치는 영향으로는 천부 림프계superficial lymphatic system에 자극을 주어 림프의 흐름을 촉진해서 결체조직에 정체되어 있는 노폐물과 수분, 독소를 제거해주며 자율신경계의 작용을 균형 있게 해주고 면역기능을 강하게 하여 인체의 저항력을 높여준다.

림프마사지의 목적은 몸속의 노폐물이나 이물질의 배출을 돕고 심신의 안정을 꾀하고 신진대사를 활성화시키며 면역력을 증대시킴으로써 피부 건강을 돕는 것이다.

림프드레나쥐의 기원

덴마크의 에밀 보더박사는 1930년대 물리치료사와 마사지사이다. 에밀 보더 박사는 프랑스의 한 지방에서 물리치료사 근무하고 있을 당시 많은 환자들이 목 주변의 림프절이 부어있음을 발견하고, 부비강염, 감기, 전신의 광범위한 여드름에 관한 연구를 하게 되었다. 임상 중 심장 방향으로 쓰다듬는 마사지를 환자에게 적용하니 증상들이 상당히 빠르게 감소하는 것을 확인하였다.

1936년 프랑스에서 개최된 건깅미용 박람회에시 에밀 보더 박사는 마사지 임상 결과를 발표하면서 꾸준히 연구하였다. 에밀 보더 박사는 의사가 아니었으므로 의학계에서 임상 결과를 받아들이지 않았다. 바이러스나 박테리아가 림프계를 통해 감염되고 오히려 체내에서 확산될 것이라고 생각하였기 때문에 에밀 보더의 연구를 받아들이게 된 것은 요아네스 야스동의 연구를 통해서 밝혀졌다. 요아네스 야스동은 약 2만 명의 환자에게 마사지를 통해 의학적인 효능을 확인하였고 이러한 실험 결과가 의학계에 확산되었다.

1967년 에밀 보더 박사와 그의 제자들에 의해 림프드레나쥐가 정리되었고 1972년 오스트리아 웰치스 지방에서 본격적으로 림프드레나쥐 교육이 진행되었다. 이후 많은 의학계 해부학자, 생리학자들이 에밀 보더 박사의 마사지에서 의학적 효능을 증명하였다. 그 결과 피부미용과 의료적 분야에서 정식으로 채택된 물리치료법으로 자리잡게 되었다.

현재 림프마사지는 피부미용과 의료적 치료로 오스트리아와 캐나다 보더 스쿨을 중심으로 힐더가드와 로버트 해르시에 의해 전 세계적으로 림프드레나쥐 교육이 이루어지고 있다.

림프드레나쥐의 효능 및 증상

림프드레나쥐는 자율신경계, 반사작용, 신경세포의 반사경로, 혈관과 림프관종에 도움을 준다. 림프드레나쥐는 일정한 압력과 속도로 마사지를 하여 림프순환을 촉진하게 한다.

첫째, 자율신경계의 교감신경과 부교감신경은 밸런스가 맞아야 한다. 자율신경계의 항상성이 파괴가 되면 교감신경이 증가해 스트레스, 긴장 등으로 건강하지 못한 신체를 가지게 되는데 림프드레나쥐는 부교감신경을 자극해 교감신경을 낮추고 피로회복, 숙면, 체내의 노폐물 배출 등 이완효가가 크다. 뿐만 아니라 말초신경을 자극해 피부부종을 낮추는 효과도 있다.

둘째, 반사작용에 대한 긍정적 효과가 있다. 동통, 근육의 긴장상태는 인간의 감정을 부정적으로 만드는데 분노, 혐오, 두려움 등과 같은 감정이 나타난다. 림프드레나쥐는 근육을 이완시키고 부정적인 감정을 긍적적인 감정으로 변화시키는데 행복, 사랑 등과 같은 반사행동에 긍정적 효과가 있다.

셋째, 신경세포에서 말초부위로 동통통증을 전달하는데 림프드레나쥐의 촉감마사지를 통해 이 통증은 척수신경으로 전달된다. 동일한 압력으로 림프드레나쥐를 시행하면 동통수용기에 자극을 전달해 동통을 감소시키거나 없애는 역할을 한다.

넷째, 혈관과 림프관정의 연근육에 탄력적인 효과를 준다. 림프드레나쥐는 노폐물을 배출시킬 뿐만 아니라 조직의 압력도 낮춰주는데 압력이 낮아지면 체내의 혈류속도가 증가한다. 혈류속도가 증가하면 신진대사가 활발해지고, 모세혈관의 노폐물 재흡수를 증가시키는데 체내 조직 정체를 막을 수 있다.

림프드레나쥐 주의가 필요한 증상은 악성종양, 급성종양, 임신 6개월 미만, 혈전증, 갑상선기능 장애, 천식, 화상, 알레르기 등이 있다.

3. 순환계

혈관계는 크게 3가지로 나뉘는데 혈액이 존재하는 동맥, 정맥, 모세혈관을 이야기한다. 혈액은 심장으로부터 수축과 이완으로 혈관계를 통해 이동하는데 중요한 기능은 혈압을 유지하고 혈액을 밀어내며, 신체에 혈액을 공급한다. 혈관계는 혈액을 운반하는 데 아주 중요한 역할을 하는데 영양분, 호르몬, 이산화탄소, 산소를 운반하고 체내의 노폐물을 제거하고 균으로부터 신체를 보호하는 역할을 한다.

동맥은 심장에서 나온 혈액이 흐르는 혈관을 말한다. 동맥은 혈관벽이 두껍고 탄력이 있으며, 심장에서부터 혈액을 체내 조직으로 운반하는 역할을 한다. 동맥의 혈관벽은 3층으로 되어있으며 외막, 중막, 내막으로 되어있다. 외막은 섬유성, 중막은 민무늬근의 중간층, 내막은 내피세포로 구성되어 있다.

정맥은 심장으로 들어가는 혈액이 흐르는 혈관을 이야기한다. 정맥은 혈관벽이 동맥에 비해 얇고, 판막이 존재해 혈액의 역류를 막는 역할을 한다. 정맥은 모세혈관보다는 두꺼운 세징맥으로 시작이 된다. 세정맥으로 이이지는 정맥은 동맥과 미찬가지로 3가지 층으로 구성되어 있다. 근육층에서는 동맥보다 정맥이 발달이 잘되어 있다.

모세혈관은 동맥과 정맥을 잇는 혈관이며, 직접적인 조직의 물질이동을 담당하는 혈관을 이야기한다. 모세혈관의 혈관벽은 표피세포로 이루어져 매우 얇고 가는 특징이 있으며, 온 신체에 가장 많이 존재하며, 단면적이 넓다. 모세혈관은 동맥, 정맥과는 다르게 2층으로 구성되어 있는데, 내층과 외층으로 나뉜다. 내층은 일정한 간격, 외층은 기저막으로 구성되어 있다. 모세혈관은 가는 특징으로 혈액 속에 존재하는 액체 성분은 확산을 통하여 이동이 가능하지만, 큰 단백질과 적혈구는 통과하지 못한다.

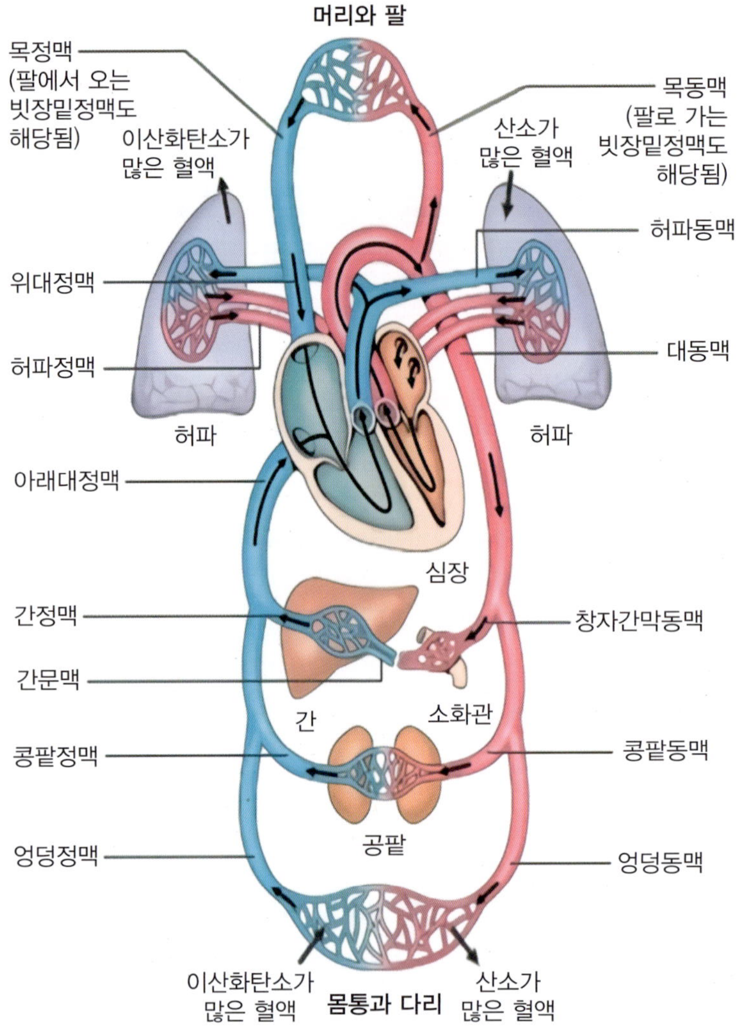

그림 3-4　직립보행하는 포유류 순환계

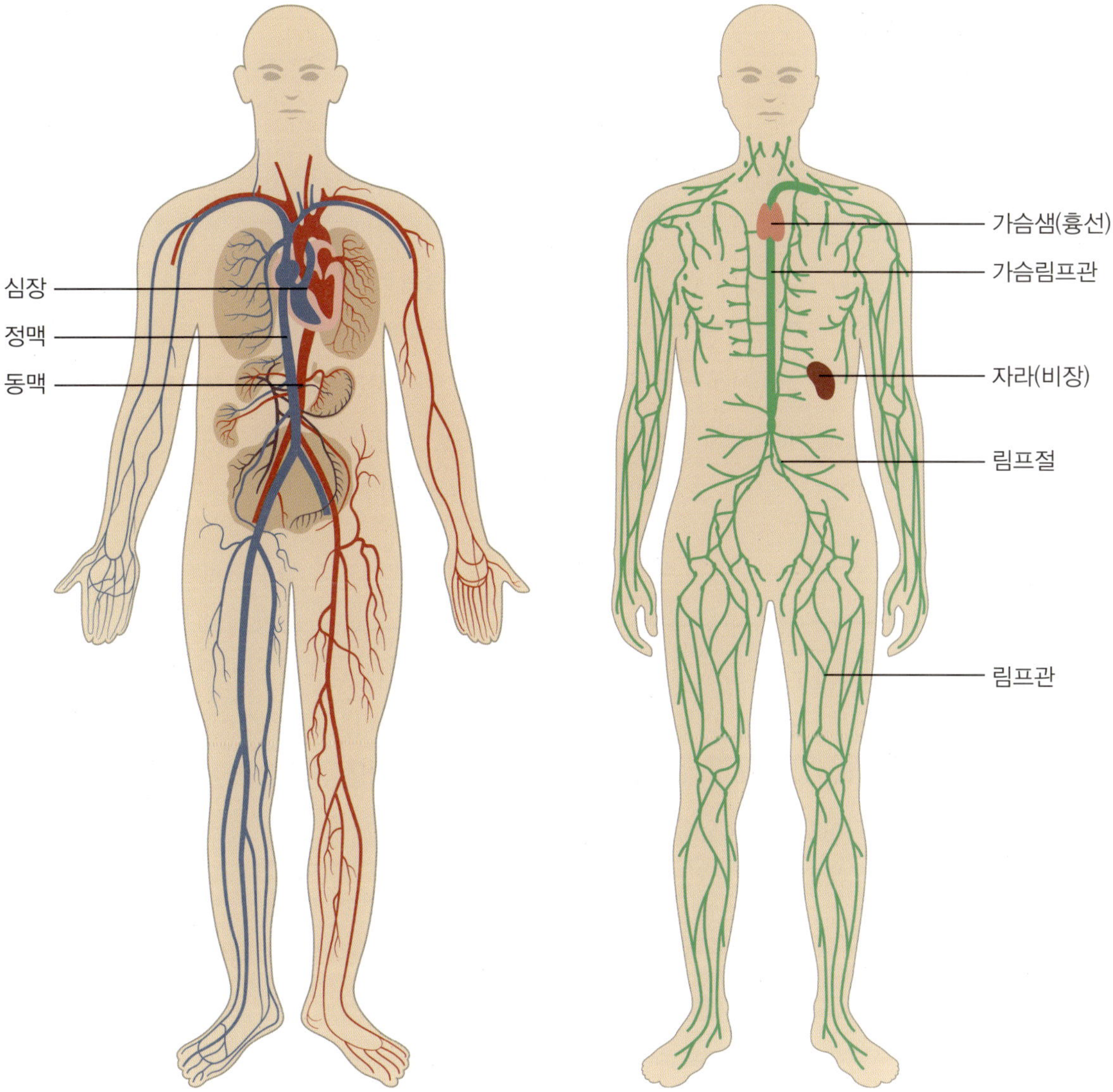

그림 3-5　혈관계 및 림프계

4. 림프계

(1) 림프계의 구성

림프계는 정맥계에 해당되는 부속 순환계이며, 혈관계와 상당히 유사하다. 림프계는 혈관이 존재하는 곳에 어디든지 있으며, 중추신경계와 뼈를 제외한 모든 부위에 존재한다. 특히 간과 장에 림프계가 많이 있으며, 혈관과 다르게 일반 통로인 것이 특징이다. 림프계의 역할은 조직으로부터 노폐물을 운반하는 역할을 하고 있다. 인체의 액체 성분을 수송하며 정맥에 연결시켜 혈관으로 이동시킨다. 림프계는 체내의 체액 밸런스를 유지하게 한다. 림프계는 림프액, 림프관, 림프절로 구성되어 있으며 외부로부터 신체를 보호하기 위해 중요한 역할을 하고 있다.

림프액은 세포 내의 조직액이 모세림프관으로 이동하면 이것을 림프액이라고 이야기한다. 림프액은 혈액 중 혈장과 유사한 성분을 가지고 있다. 림프액이 부위에 따라 성분이 다르며, 모세림프관은 투명한 색을 띠지만, 림프관은 지방, 단백질 성분이 포함되 불투명한 색을 띠게 된다. 림프액은 순환을 근력의 수축과 이완, 호흡 운동에 의해 정맥혈과 같이 이동된다. 판막을 가지고 있는 림프관은 수축으로 인해 효과적으로 움직이게 되고 체내 운동량이 증가하면 수축이완에 따라 림프액의 이동이 빨라지게 된다.

림프절은 여과 장치로 림프액이 혈액에 들어가기 전 모세포와 대식세포가 노폐물, 세균들을 정화한다. 모세포는 림프구를 생산해 항체를 형성하고, 대식세포는 식균작용을 통하여 노폐물을 여과한다. 체내에 감염 여부에 따라 대식세포가 증식하면 림프절이 커진다.

림프관은 모세림프관으로부터 굵은 림프관을 형성하고 림프 본관을 이룬다. 림프액은 흐름이 느려 역류할 수 있기 때문에 림프관 내부에는 정맥처럼 림프의 역류를 방지하는 림프 판막이 존재한다. 스며나온 림프는 판막이 많은 림프관으로 들어가고 심장과 가까운 정맥으로 이동된다. 림프관과 모세림프관은 모든 기관과 조직에 많이 분포하고 있으며, 혈관이 없는 조직과 중추신경계 등에는 없다.

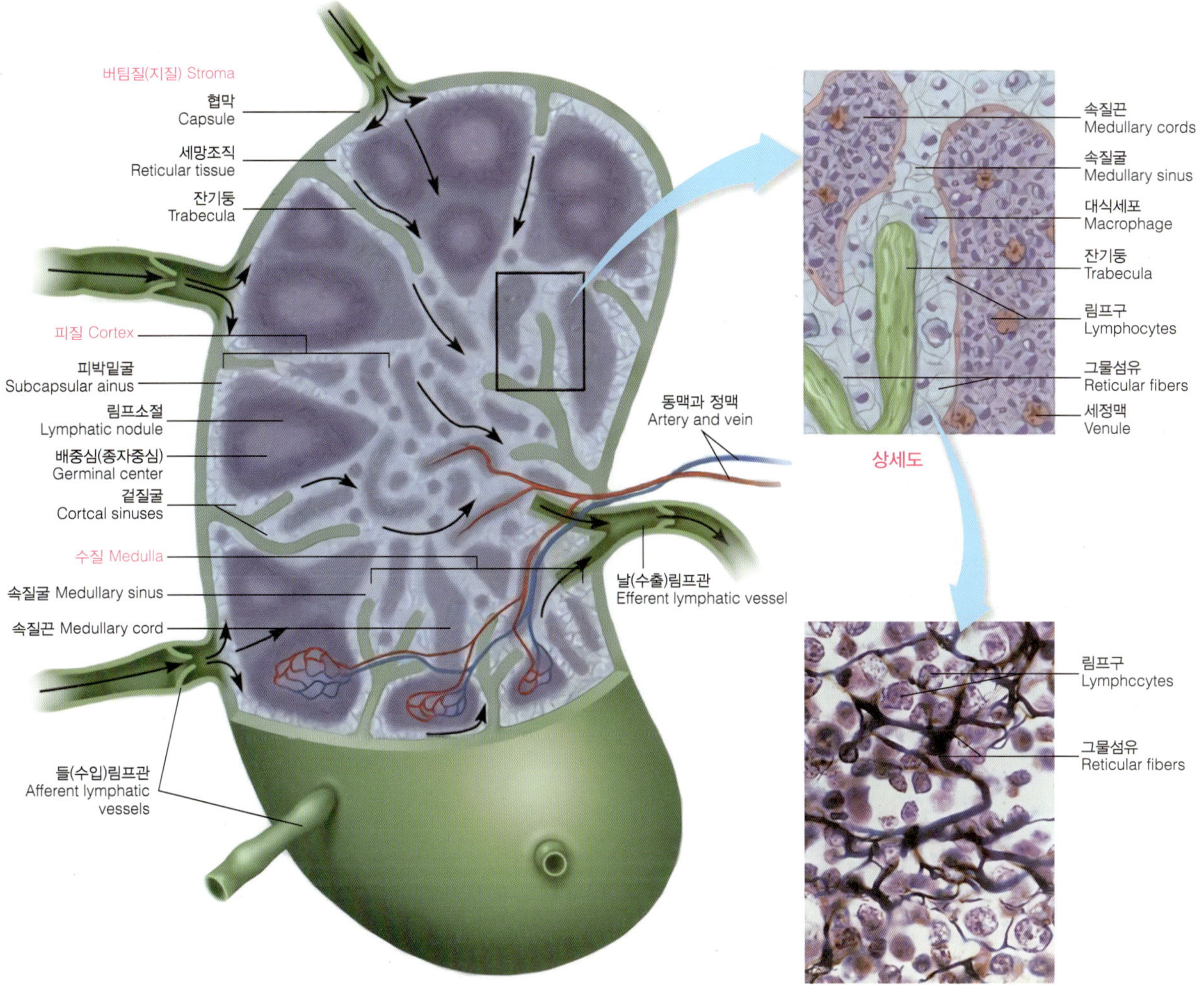

림프의 흐름을 보여주는 일부 절단면

망상섬유기질과 면역세포

그림 3-6　림프절의 구조

순환계는 대표적인 2개의 2중 통행을 하며, 폐순환소순환과 체순환대순환으로 나뉜다. 폐순환은 심장으로부터 출발하는데 심장의 오른쪽 심실에서 폐로 이동을 하고, 심장의 왼쪽 심방으로 혈액이 이동하는 것으로 산소가 적은 혈액이 폐로 이동이 되고 폐에서 심장과 이산화탄소를 교환하여 산소를 공급받은 혈액이 심장 왼쪽으로 들어가는 것을 이야기한다.

그 이후에 체순환으로 혈액이 이동해 체내에 혈액을 공급한다. 체순환은 신체의 모든 부위에 혈액을 공급한다. 체내의 산소와 영양분을 공급을 하고 이산화탄소를 가져가는 역할을 한다.

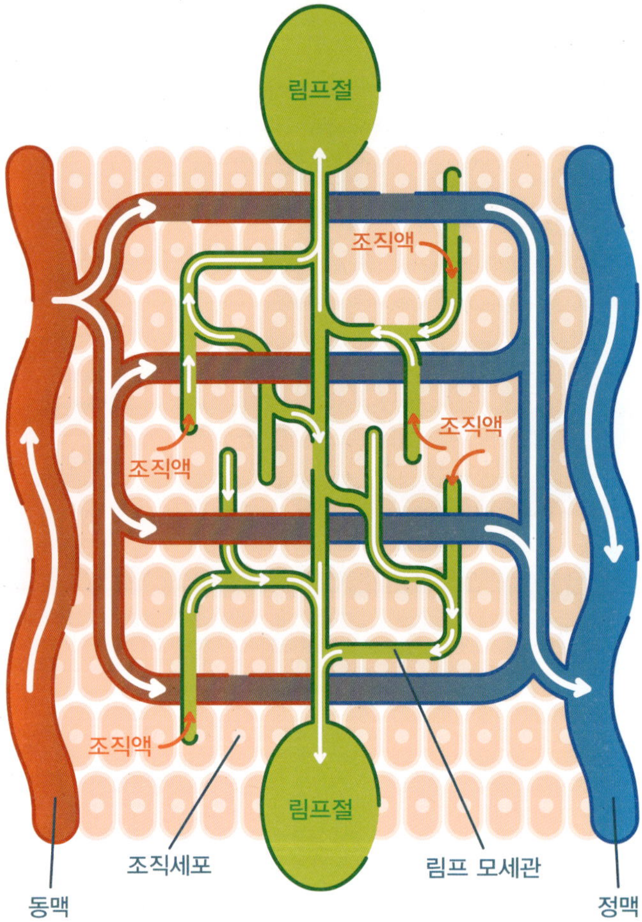

그림 3-7 림프계

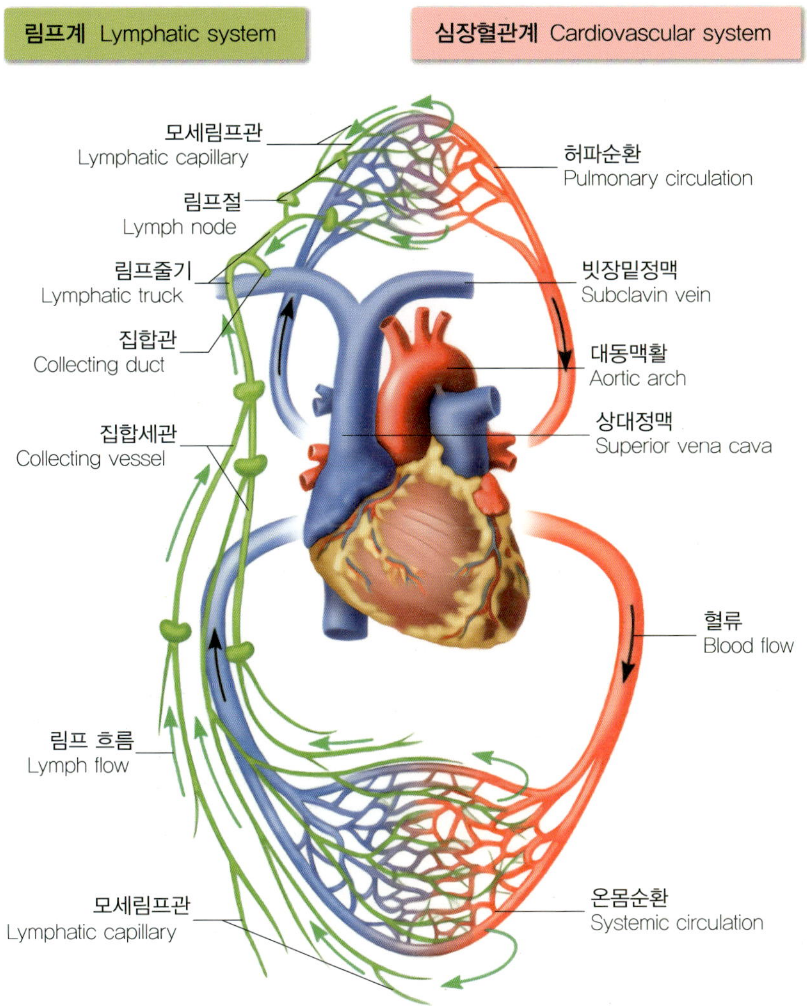

그림 3-8 혈관계(체순환, 폐순환) 2중 통행 / 림프계(일방통행)

림프계는 순환계와 다르게 일방통행을 하며, 림프 순환 물질이 림프관에서 모여 굵어지고, 쇄골과 쇄골하정맥으로 이어지며 림프액이 배액 된다. 림프계는 순환계와 다르게 심장같이 펌핑을 하는 기능이 없어 관절이나 근육의 움직임에 따라 림프가 순환된다. 림프계의 순환이 원활하지 않은 경우 몸이 붓는 경우가 있는데 이는 림프계가 순환되지 않아 나타나는 현상이다.

부종

부종이란 체내의 특정 부위에 수분이 차 몸이 부풀어 오른 상태를 이야기한다. 우리 몸은 60~70%의 수분을 보유하고 있는데 이를 체액이라고 이야기를 한다. 체액의 2/3는 세포 안에 있고 1/3은 세포 밖에 존재한다. 평소에는 이 비율이 유지가 되는데 균형이 깨지고 혈관과 조직 사이에 압력의 변화가 생길 때 부종이 발생하게 된다.

정상일 때는 체액, 림프액이 일정한 비율로 존재하지만 특정이유로 체내의 체액의 양이 증가함에 따라 림프액은 유출이 된다. 혈장과 혈관밖에 있는 간질액 쪽으로 체액이 넘어감에 따라 간질액도 양이 증가하게 되며 체액과 간질액이 합쳐 육안으로 보이는 게 부종이다.

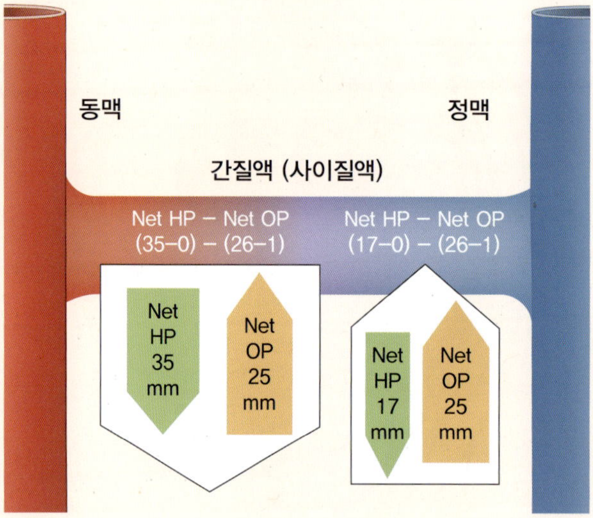

그림 3-9 부종

(2) 림프와 결합조직

결합조직은 세포가 만들어낸 섬유조직이며, 체내의 세포나 기관 사이에서 결합하는 작용을 하는데 대표적인 예로 림프관이 있다. 피부나 점막 하층에서 생긴 결합조직은 액체와 물질을 혈관계로 수송하는데 이를 림프관이라고 한다. 림프관은 한쪽 방향이 막힌 투명한 관으로 림프관은 모세혈관보다 투과성이 더 높다. 모세혈관보다 더 쉽게 거대분자와 항원을 더 쉽게 흡수할 수 있다.

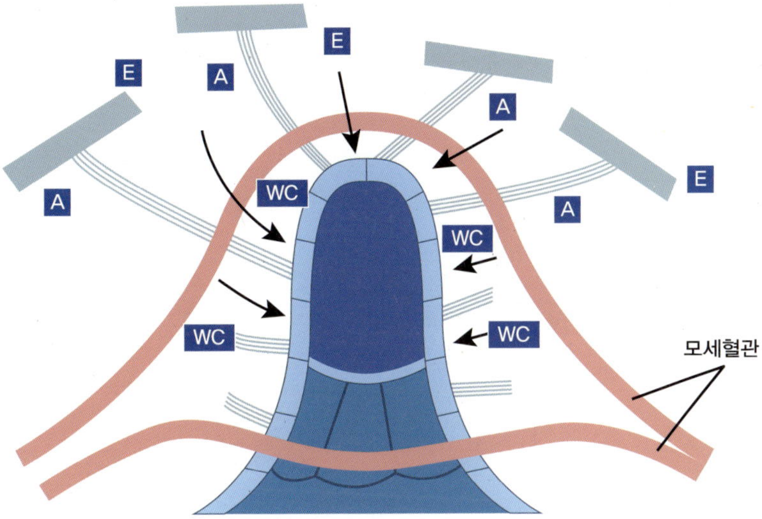

A: 정박필라멘트, E: 탄력섬유, WC: 벽이 없는 관 조직채널, 림프통로

그림 3-10 모세림프관과 조직액의 유입과정

(3) 림프의무물질

림프의무물질이란 정맥에서 제거되지 못한 노폐물, 세균, 독소를 제기해주는 물질을 이야기하며 림프계가 그 역할을 하고 있다. 림프의무물질이 원활하지 않으면 부종이 생기게 되어 림프액의 이동이 원활하지 않고 조직이 팽창되는데 상체와 하체에 많이 생기게 된다. 우리 몸은 항상 신체 내부의 체온, 성분 등을 유지하는 항상성을 유지하는데 림프계가 그 중요 업무를 담당하고 있다.

(4) 림프의 흐름

얼굴 전체의 림프는 귀밑 시작점으로 모여 목 측면으로 내려가고 쇄골의 움푹 들어간 곳(터미누스)이 종착점이다. 얼굴은 굴곡이 많아 림프가 막히기 쉬우며, 외부 자극으로부터 림프를 자극해야지 림프순환에 효과적이다. 림프는 시작점인 귀밑이 아닌 종착점인 터미누스부터 자극을 하는데 림프순환이 잘 되려면 정맥과 연결이 되어 있는 쇄골 부위를 먼저 자극해야 효과적으로 노폐물 순환이 가능하다.

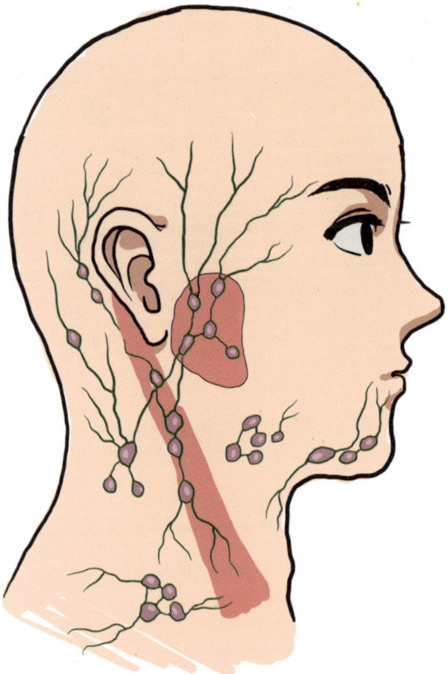

그림 3-11 림프의 시작점과 종착점

(5) 림프절

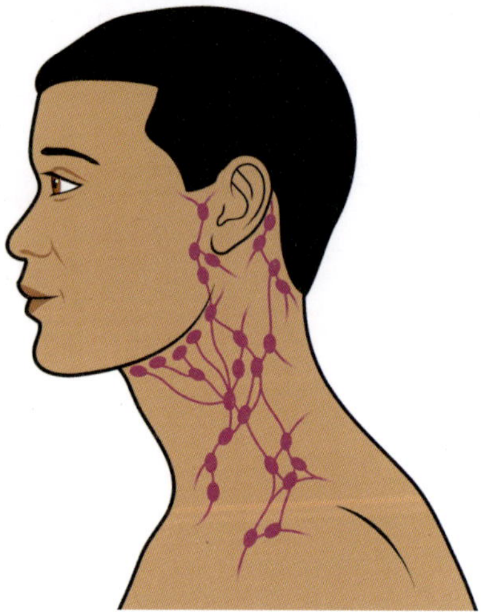

목부위의 림프절은 비강, 인두, 얼굴, 두피에서 나오는 림프관과 연결이 되어있어 림프절이 많이 존재하며 약 300여 개의 림프절이 존재한다고 연구되었다. 림프절의 1/3이 목에 밀집되어 있어 체내에 문제가 생기면 림프관을 따라 목까지 전이될 수 있다. 따라서 주기적으로 목 주변을 꼼꼼하게 촉진하는 것이 중요하다.

목에는 림프절이 170~200개, 액와에는 20~30개 존재하고 서혜부, 흉강, 장기, 골반 등에 떼를 지어 위치하고 있다. 신체에 염증이 있을 경우 림프절의 크기가 40~60배까지 증대하여 림프순환의 저항이 15배까지 되어 림프순환이 지연된다.

림프계는 나이가 들면서 점진적으로 퇴화되므로 이를 지연시키기 위해 정기적인 림프배출과 운동이 필요하다. 림프드레나쥐를 통하여 약 20배까지 림프순환이 촉진될 수 있다는 연구보고가 있다.

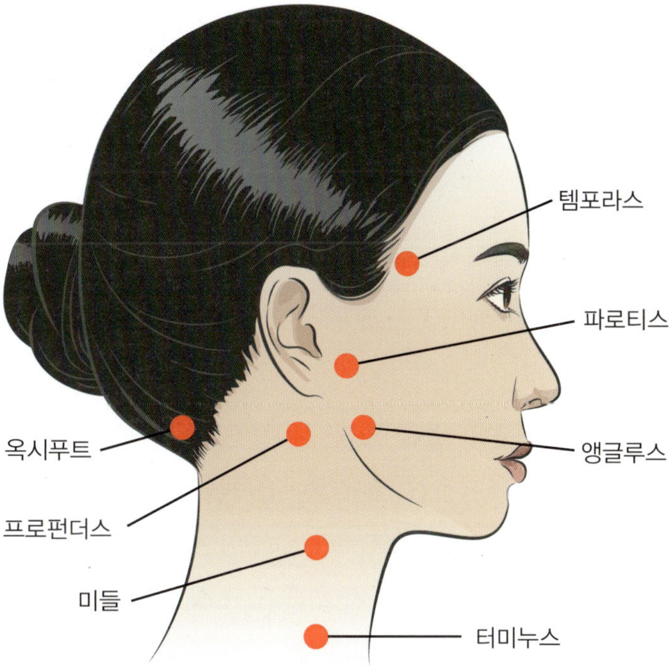

그림 3-12 림프절 포인트

(6) 림프와 면역계

림프계는 제2의 순환계라 이야기할 만큼 면역계에서도 상당히 중요하게 다뤄지고 있다. 림프는 외부물질이 체내에 들어왔을 때 방어의 역할을 수행하고 있는데 몸 전체를 보호하고 해독하는 역할이 결정적인 영향을 미친다. 골수간 세포로부터 림프는 T림프구와 B림프구로 분화한다.

T림프구는 골수에서 생성되며 흉선으로 이동을 한다. T림프구의 종류로는 미접촉T세포, 도움T세포, 세포독성T세포, 자연살상T세포, 기억T세포, 조절T세포로 구성되어있다. 미접촉T세포는 말초에서 항원을 만나기 전 T세포를 이야기한다.

도움T세포는 보조T세포라고도 이야기하며, 단백질을 가지고 있기 때문에 체액성면역을 촉진하고, 다른 백혈구들이 증식하는 T세포이다. 세포독성T세포는 바이러스에 감염된 세포나 종양을 제거하는 T세포이다. 자연살상T세포는 적은 비율이지만 면역 반응을 조절하는 역할을 하는 T세포이다. 기억T세포는 추후에 다른 균들이 다시 체내로 들어왔을 때 빠르게 활성화되어 효과적인 활성을 하는 T세포이다. 조절T세포는 반대로 면역을 억제하여 자가면역반응이 일어나지 않게 하고 최근 조절 T세포를 암, 면역질환, 이식, 상처치유에 연구하고 있다.

B림프구도 골수에서 생성되며 항체를 생산하는 세포이다. 순환계에서 5~15%를 차지하고 있으며 백혈구의 일종이다. 체내에 들어온 바이러스, 병원성 미생물을 효과적으로 제거한다.

인체 내로 침입한 병원균은 세포, 조직, 기관의 기능을 파괴시키는 독성물질을 분비하게 되는데 인체는 조직을 손상시키는 유기물과 화학물질에 저항할 수 있는 능력이 있으며 이러한 능력을 면역(immunity)이라고 한다. 체내의 면역체계에서 주로 작용하는 세포와 기관은 백혈구, 림프절, 혈장세포(plasma cell), 대식세포(macrophage), 골수, 흉선, 비장 등이 있다.

PART Ⅱ

피부관리편

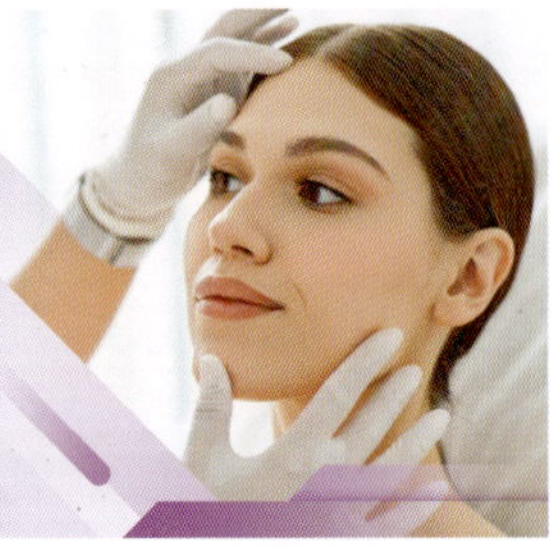

Chapter 4 고객 상담 및 시술 전후 체크리스트

골근 피부관리는 고객이 상담을 위해 내점하면 다양한 질의응답을 통해 고객에게 더 알맞은 관리를 제공하기 위한 체크리스트를 작성한다. 이는 관리실의 마케팅 관리에 앞서 고객과의 공감대를 형성하고 빠른 시간에 고객의 니즈Needs를 파악하기 위한 절차이다.

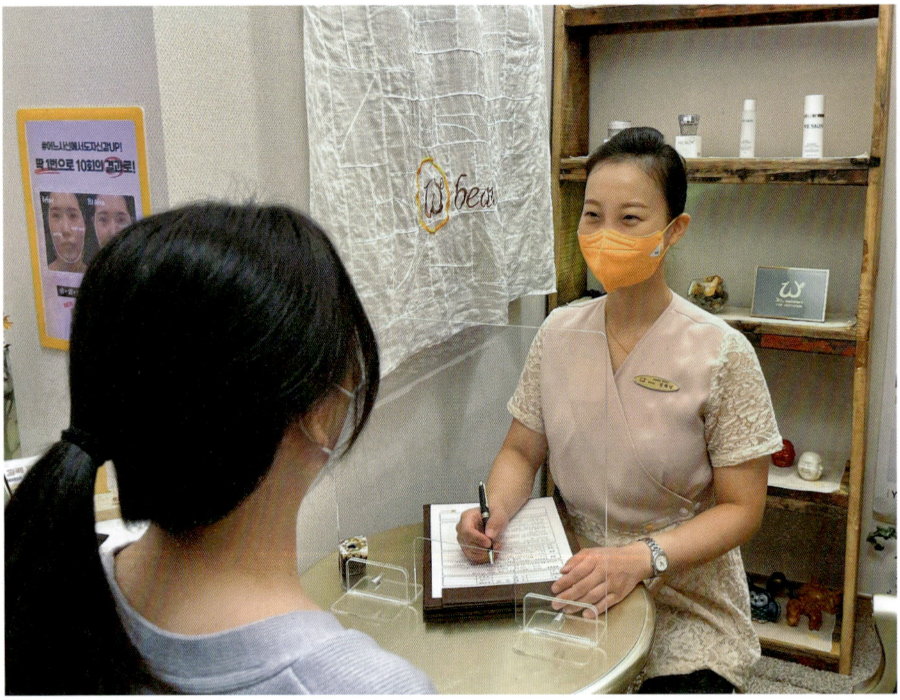

그림 4-1 상담

상담 리스트는 고객의 방문 시에 작성하며, 상담사의 질의응답을 통해서도 하지만 고객 스스로 작성하는 경우도 있는데, 이는 고객의 성향에 맞게 진행하면 된다. 고객관리카드는 상담 및 관리사가 작성하며 고객이 시술 받고자 하는 부위의 상태나 특이사항을 상세히 기록하고 관리 회차마다의 기록을 통해 관리사가 바뀌더라도 고객 관리에 어려움이 없도록 작성하도록 한다.

골근 피부관리는 시술 후 고객의 신뢰와 만족도를 위해 고객 만족 설문지를 활용하고 있으며 이는 추후 골근 피부관리의 수정과 보완 사항에 반영하며, 항상 고객의 소리를 듣기 위한 관리사의 기본적인 자세라고 할 수 있다.

beauty 예뻐지는 상담리스트

성함 : 　　　　　　성별 : 여 ☐ 　남 ☐ 　　　　상담일자 :

생년월일 : 　　　　　연락처 : 　　　　　　　　　상담자 :

직업 : 　　　　　　　주소 :

결혼 유·무 : 미혼 ☐ 　기혼 ☐ 　웨딩촬영 예정일 : 　　　　본식 예정일 :

웨딩드레스의 디자인을 정하셨나요? Yes ☐ 　No ☐

출산여부 : 1년 이내 ☐ 　1년 이후 ☐

최근 3개월이내 해외여행 다녀오신 적 있으신가요? 　Yes ☐ 　No ☐

방문경로 – 인터넷검색(네이버, 카페, 블로그) | SNS | 지인소개, 추천 | 간판 | 기타 (　　　　)
(인터넷에 해당하시는 경우, 입력하신 검색 키워드는 ? ______________)

상담부위	얼굴	**머리** : 뒤통수 ☐ 　콘헤드 ☐ 　두상라인 ☐ **광대** : 솟은광대 ☐ 　옆광대 ☐ 　돌출된앞광대 ☐ **턱** : 사각턱 ☐ 　이중턱 ☐ 　주걱턱 ☐ 안면비대칭 ☐ 　돌출입 ☐ 　꺼진이마 ☐ 　긴이마 ☐ 　처진볼살 ☐ 　눈주름 ☐ 목주름 ☐ 　팔자주름 ☐ 그 외 부위를 작성해주세요. (　　　　　　　　　　)

상세정보	평소 주된 주식의 종류는 무엇인가요? 밥 ☐ 밀가루(면,빵) ☐ 외식 ☐ 패스트푸드 ☐ 평소 식사속도는 어떻게 되시나요? 20분이내 ☐ 30분이상 ☐ 일주일에 음주는 몇 회 드시나요? 먹지않음 ☐ 1~2회 ☐ 3회 ☐ 4회이상 ☐ 매일 ☐ 하루에 흡연의 양은 얼마나 되시나요? 비흡연 ☐ 5개피미만 ☐ 10개피미만 ☐ 1갑 ☐ 2갑 ☐ 주 운동 횟수와 시간은 얼마나 되시나요? 주 1회 ☐ 주 2~3회 ☐ 주 4회 ☐ 매일 ☐ 30분이상 ☐ 　1시간 ☐ 　2시간 ☐ 　3시간 ☐ 평소 본인의 피부상태는 관심도는 어떻게 되시나요? 하 ☐ 중 ☐ 상 ☐ 평소 본인의 기초 화장품은 몇 가지 되시나요? 스킨 ☐ 로션 ☐ 크림 ☐ 에센스 ☐ 아이크림 ☐ 데이크림 ☐ 평소 본인의 클렌저 타입은 어떻게 되시나요? 폼클렌징 ☐ 오일 ☐ 크림 ☐ 워터 ☐ 성형이나 시술을 하신 경험이 있으신가요? Yes ☐ No ☐ 있다면 부위를 작성해주세요.(　　　　) 고객님께서 생각하시는 관리 비용은 어느 정도 입니까? (　　　　　　　원) 고객님께서 상담, 관리 진행시 가장 중요한 부분은 어느 부분입니까? 관리 결과 ☐ 관리 비용 ☐ 관리 방법, 느낌 ☐ 관리 시간 ☐ 관리 기간 ☐ 서비스/CS ☐ 타업체에서 피부관리나 치료를 목적으로 관리를 받으시는 관리가 있으신가요? Yes ☐ No ☐ 있으셨다면 어느 곳에서, 어떤 관리를 주로 받으셨나요? (　　　　, 　　　　프로그램) 화장품이나 알러지가 있으신가요? Yes ☐ No ☐ (　　　　　　) 그 외 피부관리시, 개인적인 주의사항이 있다면 자세히 작성해주세요. (　　　　　　)

특이사항, 상담내용

Date. ____________________　　　　　　　　　　피부관리사. ____________________

P/N. ____________________

WEBEAUTY 고객 카드

ω 이름	ω 성별
ω 생년월일	ω 직업
ω E–mail	ω 휴대전화
ω 주소	ω 방문경로

○ Webeauty Consultation

※ 본인은 상기내용에 대하여 위뷰티 담당자(　　　　　　)로부터 설명을 받았습니다.

서명 __________ (인)

○ Settlement Particulars

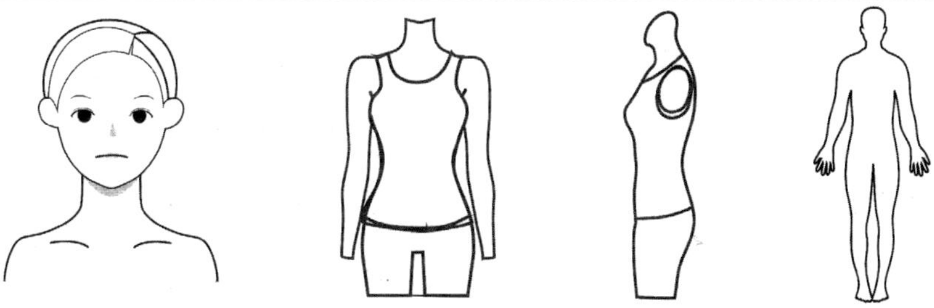

○ Regulations

위뷰티 서비스 계약안내

위뷰티고객카드

발로하는 피부관리 후
안면체형사진기를 통해 위뷰티 프로그램관리를 받으신 후
사진변화가 없을 시 내신금액 100% 환불해 드리는 위뷰티와
고객님과의 약속입니다.

환불기간

10회, 16회 2개월 사진변화기간 / 20회 3개월 사진변화 기간

위뷰티 전 프로그램 중 1회라도 받으셨거나 계약 후 15일이 경과한 후 계약취소시
모든 환불비용 부담은 환불자가 합니다
(총 관리금액의 위약금 10% + 1회 관리비용 × 관리 받으신 횟수

관리기간

– 사진변화기간과 관리기간은 동일합니다. 사진변화 기간 경과시, 환불 및 사진변화 부적용
– 1:1 전문 맞춤 컨설팅 비용으로 2만원 선 입금(상담비 2만원은 계약 해지시 환불 불가)
– 당일 예약취소 2회시 1회 비용차감
– 이관. 서울에서 서울지역 불가. 기타지역은 1회만 가능. 이관 시 사진변화 부적용
– 관리 기간 중 특수병명, 이민 또는 해외 근무 시 진단서 제출 및 항공 티켓과 여권사본 제출 시 연장가능. 환불 이관 양도 부적용
– 전 지점 디렉터관리 원하는 경우 기본관리비용 + 20% 비용추가
– 멤버쉽 회원권 유효기간 = 관리 시작일로부터 1년을 원칙
– 이벤트 관리, 분납, 멤버쉽 관리 프로그램 비용 환불 양도 이관 부적용
– 위뷰티 관리 시 관리부위에 대한 탈의와 일회용 속옷이 노출될 수 있습니다.
– 평소 앓고 계신 질병 또는 통증이나 질환, 시술, 수술 경험, 피부 트러부링나 알레르기가 있으신 경우 처음 상담 시 꼭 말씀해주세요. 설명 없이 관리 받으신 경우 모든 책임은 본인이 집니다.
– 통증이 있으신 분은 의사소견을 참조하시어 관리를 받으시길 바라며 위뷰티에서는 위 내용에 어떠한 책임이 없음을 명시합니다.
– 위뷰티 손, 발을 이용하여 건강하게 예뻐지는 피부관리로서 치료를 목적으로 한 의료행위 및 그 어떤 진단도 하지 않습니다.
– 위뷰티 피부관리는 탄력 및 온락으로 사진변화를 드리는 과정에서 개인차에 따라 관리 후 뻐근함, 불편함을 느낄 수 있습니다.
– 위뷰티 전 지점은 고객님의 개인사정 및 변심으로 인한 경우에는 환불규정에 따라 진행되며 사진변화 관리가 아닌 관리의 경우에는 환불이 불가함을 말씀드립니다.
– 계약해지시, 관리기간안에 결제한 카드와 영수증을 지참 후, 계약한 지점에 내방해주세요.
–소비자 피해보상 및 분쟁처리는 관련 법령에 따릅니다.

*위뷰티 전, 후 사진 확인 동의서

피부관리 사진변화 확인을 위해 제작된 고객님의 석고본과 촬영사진은 고객님의 개인정보 보호를 위해 (주)위뷰티로 이관되어 관리되며,
사진변화 기준에 한한 결과 확인을 위해 위뷰티 페이지에 등록됩니다.
고객님 개인정보 및 관리부위 외의 신체 부위는 노출되지 않습니다.

년　　월　　일　　　　(인)

***본인은 상기 내용에 대하여**
위뷰티 담당자(　　　　　　)로부터 설명을 받았습니다.

년　　월　　일　　　　(인)

주식회사 위뷰티 대표 위수영 | 서울 강남구 도산대로 539 2층 | T 1644-5699 |
E-mail gg3899@naver.com

Times	Date	Golgeun Skin Care	Signature

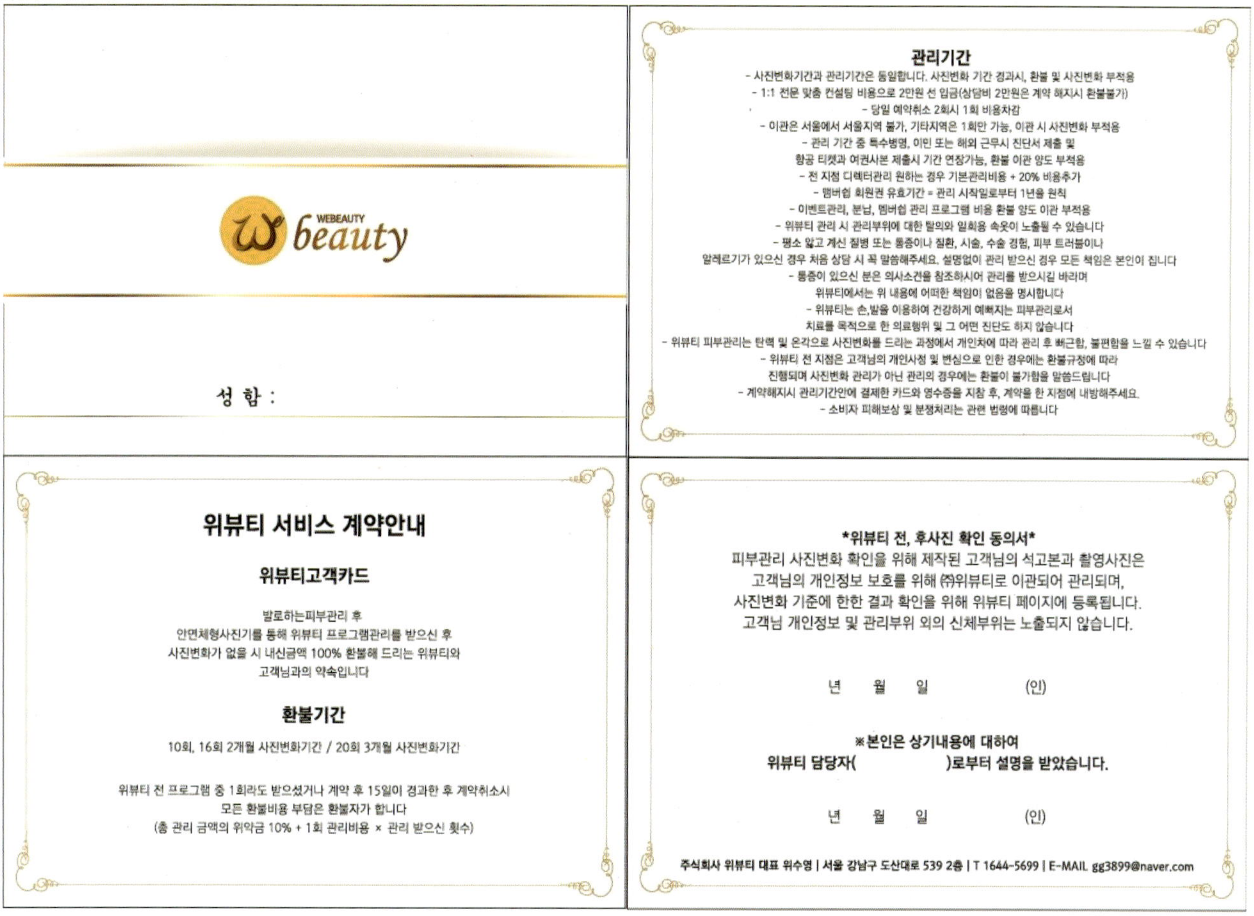

WEBEAUTY beauty

성 함 :

관리기간

- 사진변화기간과 관리기간은 동일합니다. 사진변화 기간 경과시, 환불 및 사진변화 부적용
- 1:1 전문 맞춤 컨설팅 비용으로 2만원 선 입금(상담비 2만원은 계약 해지시 환불불가)
- 당일 예약취소 2회시 1회 비용차감
- 이관은 서울에서 서울지역 불가, 기타지역은 1회만 가능, 이관 시 사진변화 부적용
- 관리 기간 중 특수병명, 이민 또는 해외 근무시 진단서 제출 및
항공 티켓과 여권사본 제출시 기간 연장가능, 환불 이관 양도 부적용
- 전 지점 디렉터관리 원하는 경우 기본관리비용 + 20% 비용추가
- 멤버쉽 회원권 유효기간 = 관리 시작일로부터 1년을 원칙
- 이벤트관리, 분납, 멤버쉽 관리 프로그램 비용 환불 양도 이관 부적용
- 위뷰티 관리 시 관리부위에 대한 탈의와 일회용 속옷이 노출될 수 있습니다
- 평소 앓고 계신 질병 또는 통증이나 질환, 시술, 수술 경험, 피부 트러블이나
알레르기가 있으신 경우 처음 상담 시 꼭 말씀해주세요. 설명없이 관리 받으신 경우 모든 책임은 본인이 집니다
- 통증이 있으신 분은 의사소견을 참조하시어 관리를 받으시길 바라며
위뷰티에서는 위 내용에 어떠한 책임이 없음을 명시합니다
- 위뷰티는 손,발을 이용하여 건강하게 예뻐지는 피부관리로서
치료를 목적으로 한 의료행위 및 그 어떤 진단도 하지 않습니다
- 위뷰티 피부관리는 탄력 및 온각으로 사진변화를 드리는 과정에서 개인차에 따라 관리 후 뻐근함, 불편함을 느낄 수 있습니다
- 위뷰티 전 지점은 고객님의 개인사정 및 변심으로 인한 경우에는 환불규정에 따라
진행되며 사진변화 관리가 아닌 관리의 경우에는 환불이 불가함을 말씀드립니다
- 계약해지시 관리기간인에 결제한 카드와 영수증을 지참 후, 계약을 한 지점에 내방해주세요.
- 소비자 피해보상 및 분쟁처리는 관련 법령에 따릅니다

위뷰티 서비스 계약안내

위뷰티고객카드

발로하는피부관리 후
안면체형사진기를 통해 위뷰티 프로그램관리를 받으신 후
사진변화가 없을 시 내신금액 100% 환불해 드리는 위뷰티와
고객님과의 약속입니다

환불기간

10회, 16회 2개월 사진변화기간 / 20회 3개월 사진변화기간

위뷰티 전 프로그램 중 1회라도 받으셨거나 계약 후 15일이 경과한 후 계약취소시
모든 환불비용 부담은 환불자가 합니다
(총 관리 금액의 위약금 10% + 1회 관리비용 × 관리 받으신 횟수)

위뷰티 전, 후사진 확인 동의서

피부관리 사진변화 확인을 위해 제작된 고객님의 석고본과 촬영사진은
고객님의 개인정보 보호를 위해 ㈜위뷰티로 이관되어 관리되며,
사진변화 기준에 한한 결과 확인을 위해 위뷰티 페이지에 등록됩니다.
고객님 개인정보 및 관리부위 외의 신체부위는 노출되지 않습니다.

년 월 일 (인)

※본인은 상기내용에 대하여
위뷰티 담당자( )로부터 설명을 받았습니다.

년 월 일 (인)

주식회사 위뷰티 대표 위수영 | 서울 강남구 도산대로 539 2층 | T 1644-5699 | E-MAIL gg3899@naver.com

그림 4-2 책임제 카드

고객 팔로잉following

고객 안면 관리 시에 물리적 변화 이외에도 여러 가지 증상에 대한 평가가 필요하다. 이러한 평가를 통해 관리할 때 이외의 생활 습관을 파악하여 관리의 효율을 높일 수 있으며 고객도 못 느끼고 있었던 부분에서 골근 피부관리의 유효성을 알림으로써 고객의 만족도를 다각도에서 향상시킬 수 있다.

안면 관리 시 얼굴의 윤곽 변화 및 얼굴 혈색 개선과 탄력도 증가는 물론 편두통 및 스트레스성 두통, 턱 빠짐 현상이나 입을 크게 벌릴 때 귀 앞쪽 포인트의 통증과 같은 턱관절 장애 증상 등이 완화되며 이를 위해 고객의 라이프 스타일을 반드시 함께 관리해 주는 것이 필요하다. 특히, 저작활동이 많은 식품에 대한 절제가 필요한데 껌이나 오징어 같이 질긴 음식은 모두 해당된다. 또한, 어금니를 꽉 무는 행동이나 이를 가는 행동은 골근테라피 시술 후 유지하는 데 부정적 영향을 미친다.

Chapter 5

골근 피부관리의 실제와 고객 후기

얼굴의 크기, 얼굴 내에서의 골격의 비율 등은 노화와 생활 습관으로 인해 변형된다. 더욱이 현대인들의 잦은 의료적 시술은 단기적 효과는 있지만 그에 따르는 부작용과 노력, 비용 그리고 위험을 감수하는 형태였다. 또한, 무리하게 시행된 잘못된 다이어트로 인해 볼 살이 빠지면서 얼굴의 골격이 두드러져 보여 노안을 초래하는 경우도 많이 발생하고 있다.

골근 관리에서 시행되는 모든 안면관리는 변형된 얼굴의 뼈와 근육 위의 피부를 자극함으로써 뼈세포 자체의 교환을 돕는 관리법이다. 이는 인체 스스로 이전의 형태로 회복하거나 재생할 수 있도록 도와주는 관리로 자연치유력의 형태라고 말할 수 있다. 골근 피부관리의 실제를 통해 부작용 없이 자연스럽게 얼굴의 형태를 만들 수 있으며 이는 기구의 사용 없이 손과 오일을 이용하면 누구나 할 수 있는 동작에 또한 장점이 있다.

다음의 모든 관리는 반드시 시작점과 끝점을 인지하여 피부 관리를 해주어야 효과가 있으며, 강한 압이 아닌 $0.8kg/cm^2$의 부드러운 압으로 진행한다. 모든 마사지 동작은 고객의 상태에 따라서 3번 이상 반복한다.

1. 작은 얼굴 만들기

이목구비가 아무리 예뻐도 얼굴 자체의 크기가 크면 이목구비의 매력이 묻히게 된다. 골근 피부관리 작은 얼굴 만들기는 퍼진 얼굴 전체를 모아줌으로써 탄력도 생기게 된다.

(1) 시술 과정 1

목과 얼굴을 반듯하게 만드는 동작이다.

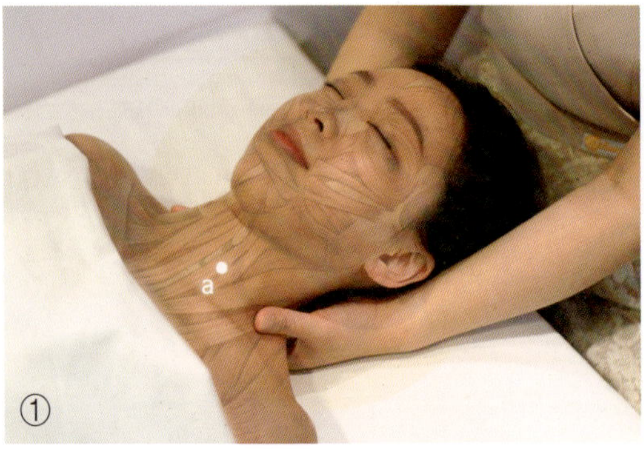

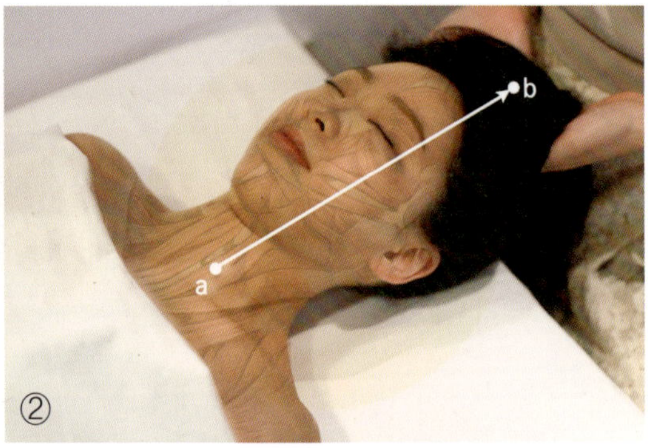

관리자가 대상자 머리 위에 앉아서 대상자의 고개를 정면으로 하고 앞으로 눕힌다. 손가락 3, 4지를 이용하여 양손 겹친 다음, 경추 1번$_a$ 부위 위 피부에서 목뼈를 따라 일직선으로 백회$_b$ 부위 위 피부까지 화살표 방향으로 유연시킨다. 동작은 3회 이상 반복한다.

(2) 시술 과정 2

얼굴을 리프팅하는 동작이다.

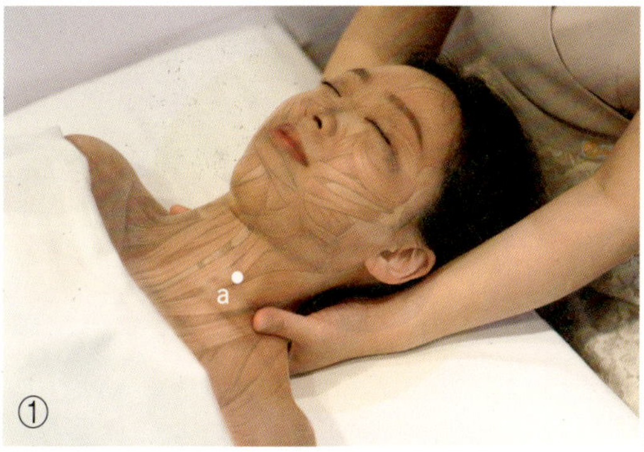

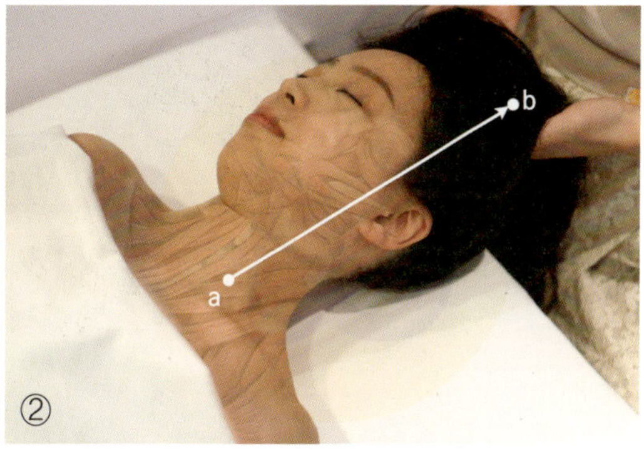

관리자가 대상자 머리 위에 앉아서 대상자의 고개를 정면으로 하고 앞으로 눕힌다. 손가락 3, 4지를 이용하여 양손 겹친 다음, 승모근a 부위 위 피부에서 일직선으로 후두골b 부위 위 피부까지 화살표 방향으로 유연시킨다. 동작은 3회 이상 반복한다.

(3) 시술 과정 3

위로 솟은 광대를 아래로 내리는 동작이다.

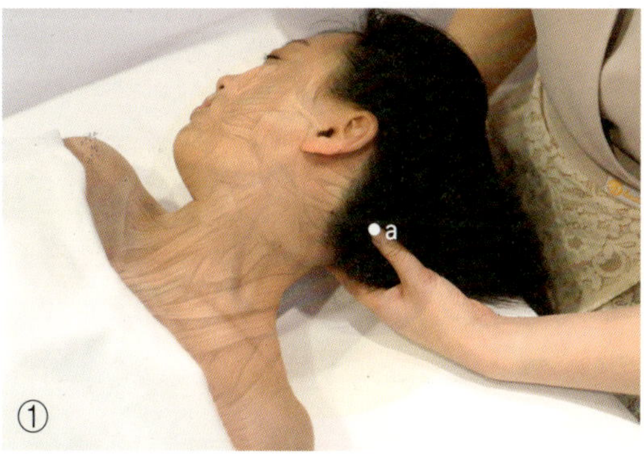

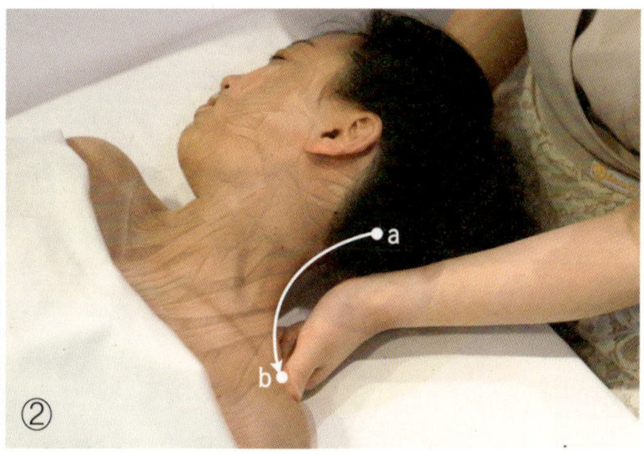

관리자가 대상자 머리 위에 앉아서 대상자의 고개를 45° 옆으로 돌린다. 엄지손가락을 이용하여 풍지혈a 부위 위 피부에서 부드럽게 쇄골 위 후사각근b 부위 위 피부까지 화살표 방향으로 유연시킨다. 동작은 3회 이상 반복한다.

(4) 시술 과정 4

얼굴의 피부 톤을 개선하고 볼에 탄력을 주는 동작이다.

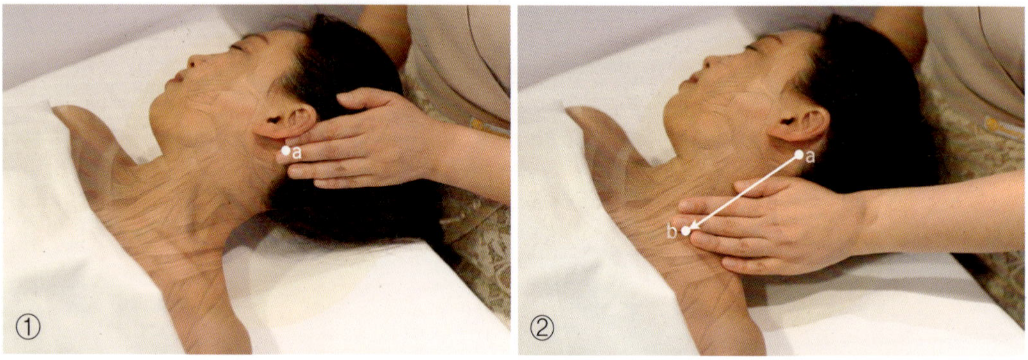

관리자가 대상자 머리 위에 앉아서 대상자의 고개를 45° 옆으로 돌린다. 손바닥 전체를 이용하여 귀 뒤a 부위 위 피부에서 터미누스b 부위 위 피부까지 화살표 방향으로 유연시킨다. 동작은 3회 이상 반복한다.

(5) 시술 과정 5

볼의 넓이를 축소하는 동작이다.

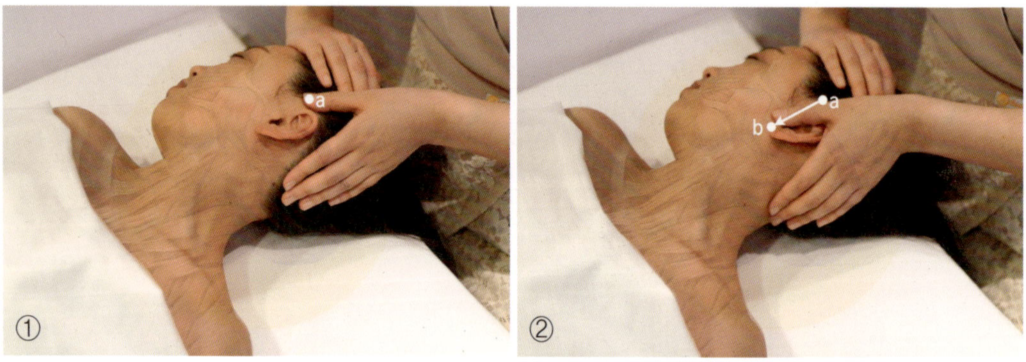

관리자가 대상자 머리 위에 앉아서 대상자의 고개를 45° 옆으로 돌린다. 엄지 손가락을 이용하여 귓바퀴a 부위 위 피부에서 부드럽게 귓불 앞b 부위 위 피부까지 화살표 방향으로 유연시킨다. 동작은 3회 이상 반복한다.

(6) 시술 과정 6

볼 처짐을 개선하고 턱선을 잡아주는 동작이다.

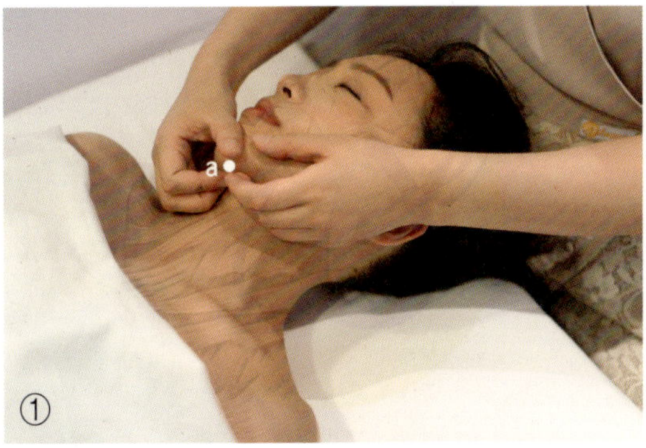

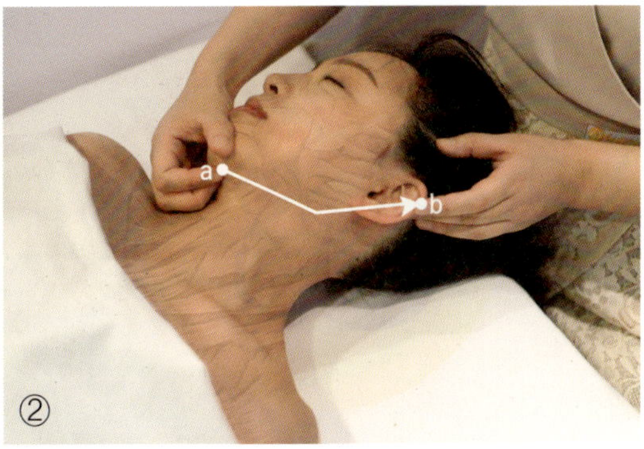

관리자가 대상자 머리 위에 앉아서 대상자의 고개를 45° 옆으로 돌린다. 손가락 3, 4, 5지를 이용하여 턱 중앙$_a$ 부위 위 피부에서 턱 모서리점을 지나 귀 뒤$_b$ 부위 위 피부까지 화살표 방향으로 유연시킨다. 동작은 3회 이상 반복한다.

(7) 시술 과정 7

광대를 얼굴 중심으로 모으는 동작이다.

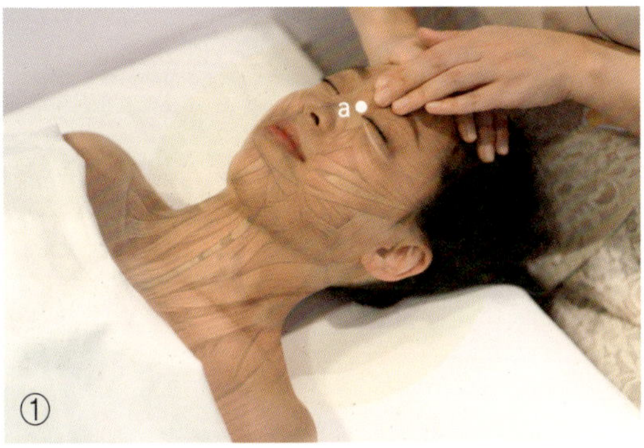

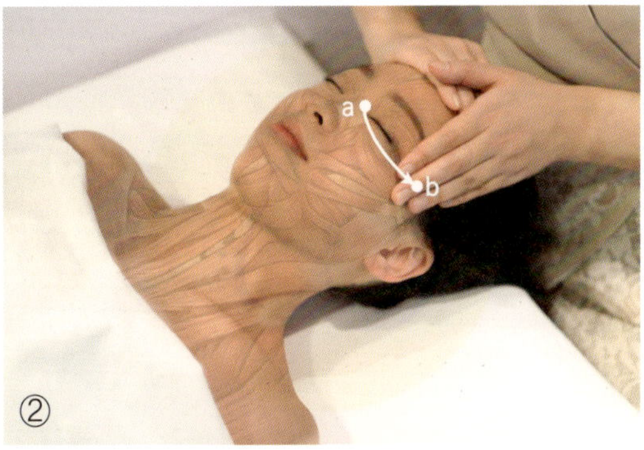

관리자가 대상자 머리 위에 앉아서 대상자의 고개를 정면으로 하고 앞으로 눕힌다. 손가락 2, 3, 4지를 이용하여 눈 앞머리$_a$ 부위 위 피부에서 귀 중앙$_b$ 부위 위 피부까지 화살표 방향으로 유연시킨다. 동작은 3회 이상 반복한다.

(8) 시술 과정 8

얼굴 중안부의 길이를 줄이는 동작이다.

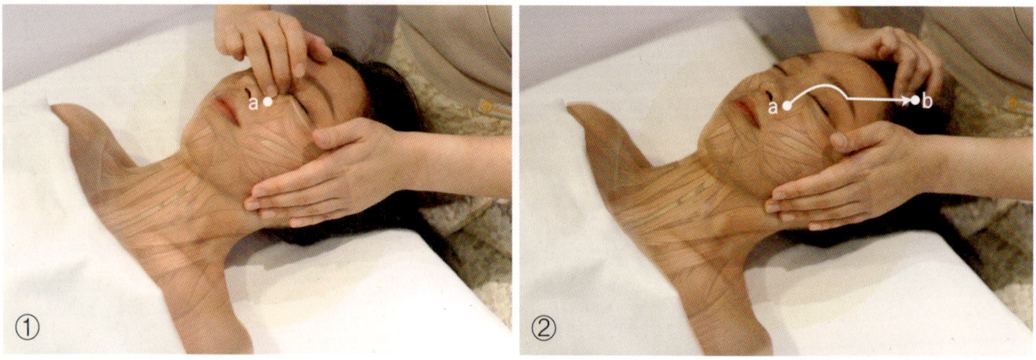

관리자가 대상자 머리 위에 앉아서 대상자의 고개를 정면으로 하고 앞으로 눕힌다. 손가락 3, 4지를 이용하여 콧방울 옆$_a$ 부위 위 피부에서 눈썹산을 지나 헤어라인 뒤 5cm$_b$ 부위 위 피부까지 화살표 방향으로 유연시킨다. 동작은 3회 이상 반복한다.

(9) 시술 과정 9

이마선과 얼굴선을 매끄럽게 만드는 동작이다.

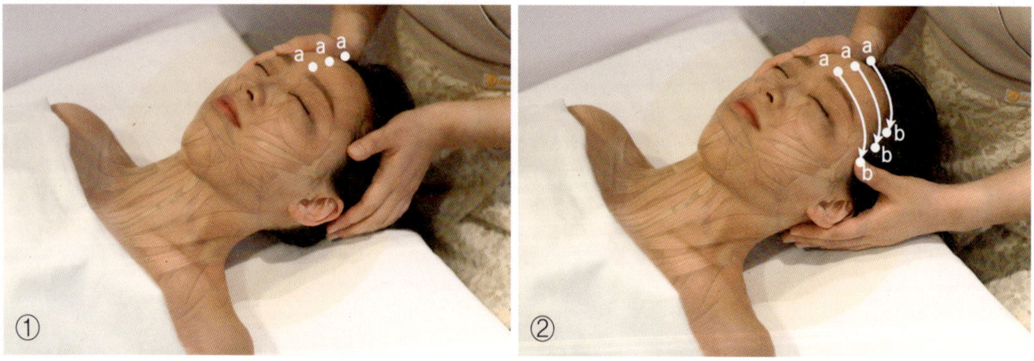

관리자가 대상자 머리 위에 앉아서 대상자의 고개를 정면으로 하고 앞으로 눕힌다. 이마를 가로로 3등분 나눠준 뒤, 엄지손가락을 이용하여 이마 가운데$_a$ 부위 위 피부에서 관자놀이$_b$ 부위 위 피부까지 화살표 방향으로 유연시킨다. 동작은 3회 이상 반복한다.

(10) 고객 후기

① 20대 유○○ 고객 10회 관리전후서울 교대점

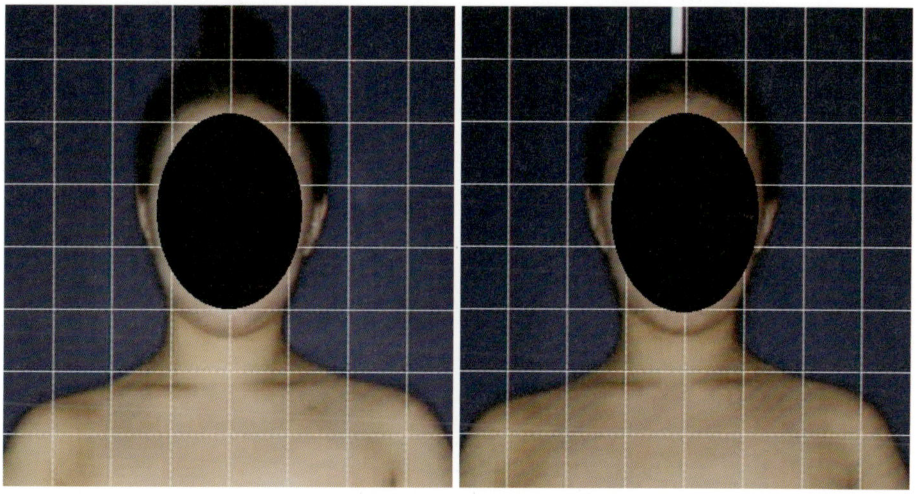

"관리받고 나니까 주변에서 얼굴라인이 이뻐졌단 소리를 너무 많이 들었습니다. 관리 열심히 해주시고 이쁘게 만들어주셔서 너무 감사합니다. 진짜 후회 없이 만족하고 있습니다."

② 20대 김○○ 고객 10회 관리전후서울 압구정점

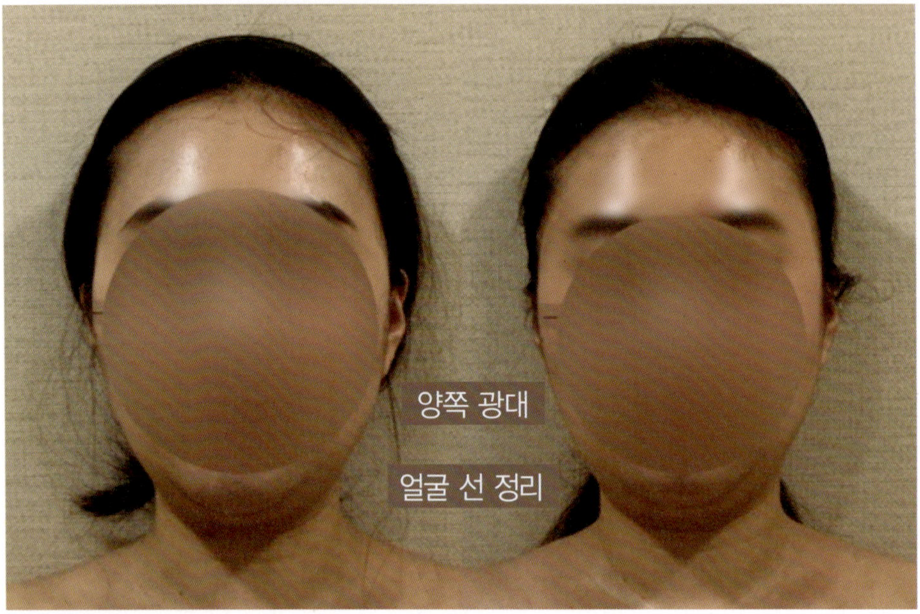

"믿고 맡길 수 있는 나에게 맞춤관리. 진짜 양쪽 광대 정리되어서 얼굴이 갸름해지고, 모난 부분없이 너무 깔끔해졌어요. 주변에 추천하고 부정적인 평을 들은 적 한 번도 없을 정도입니다~"

③ 40대 오○○ 고객 20회 관리전후서울 일산점

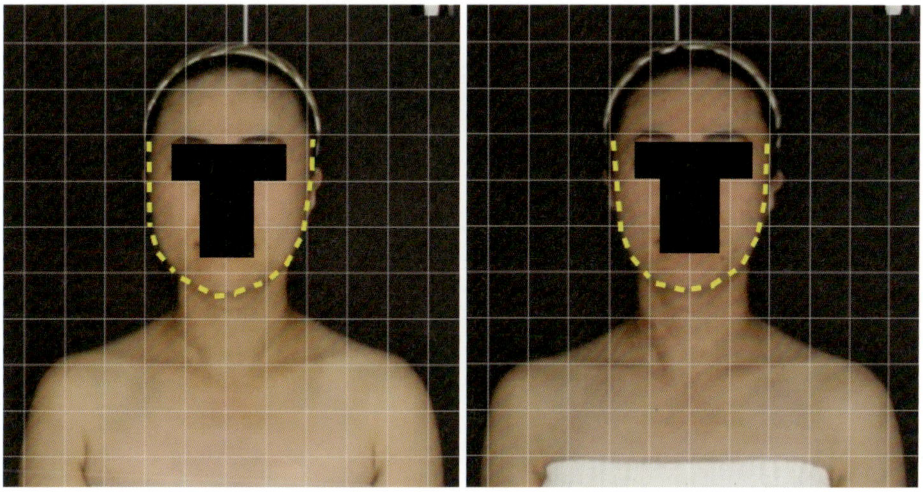

"발로 밟히는데 행복한건 위뷰티밖에 없을거예요. 밟힐 때마다 얼굴이 줄어들고 이뻐진다는게 너무 행복합니다. 맨날 얼굴 크다는 소리 때문에 스트레스 받았는데 이제는 얼굴 작다는 소리만 들을 것 같아요."

2. 광대 축소하기

얼굴에서 광대가 위로 솟아 올라오게 되면 전체적인 균형과 자연스러움이 무너지고 눈가에 주름이 생기거나 볼살이 아래로 늘어져 보인다. 골근 피부관리의 광대 줄이기는 튀어나온 광대를 내려주면서 볼살을 채워준다.

(1) 시술 과정 1

앞으로 튀어나온 광대를 내리는 동작이다.

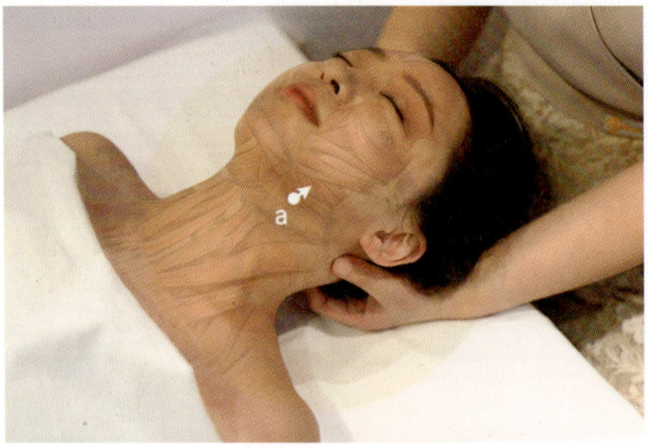

관리자가 대상자 머리 위에 앉아서 대상자의 고개를 정면으로 하고 앞으로 눕힌다. 손가락 3, 4지를 이용하여 양손 동시에 환추$_a$ 부위 위 피부에서 1cm 위 피부까지 화살표 방향으로 유연시킨다. 동작은 3회 이상 반복한다.

(2) 시술 과정 2

앞으로 튀어나온 광대를 내리는 동작이다.

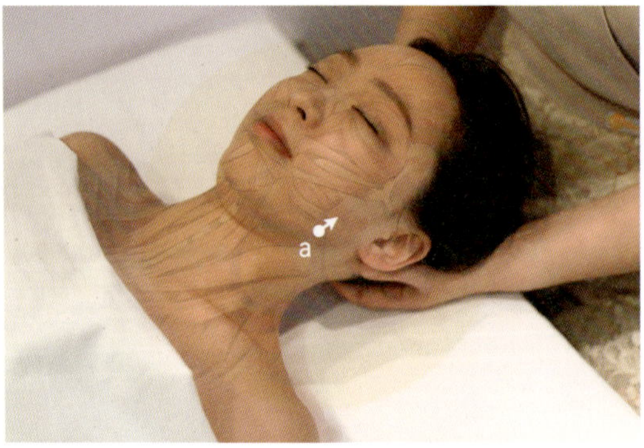

관리자가 대상자 머리 위에 앉아서 대상자의 고개를 정면으로 하고 앞으로 눕힌다. 손가락 2, 3, 4지를 이용하여 측추$_a$ 부위 위 피부에서 1cm 위 피부까지 화살표 방향으로 유연시킨다. 동작은 3회 이상 반복한다.

(3) 시술 과정 3

처진 볼살을 채우는 동작이다.

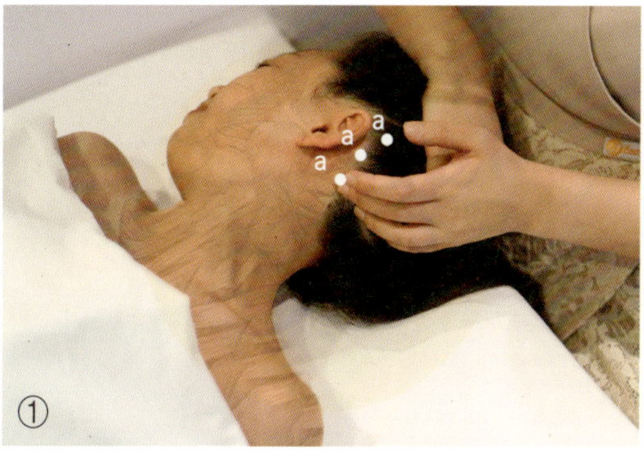

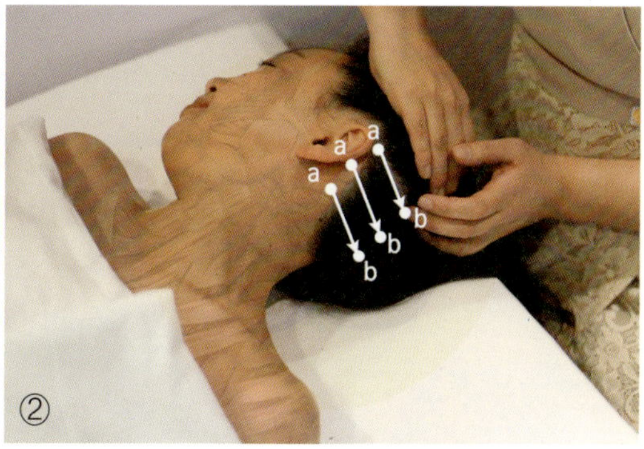

관리자가 대상자 머리 위에 앉아서 대상자의 고개를 45° 옆으로 돌린다. 귀를 가로방향으로 3등분 나눠준 뒤, 손가락 3, 4, 5지를 이용하여 귀 뒤a 부위 위 피부에서 머리중앙b 부위 위 피부까지 화살표 방향으로 유연시킨다. 동작은 3회 이상 반복한다.

(4) 시술 과정 4

볼의 넓이를 줄이는 동작이다.

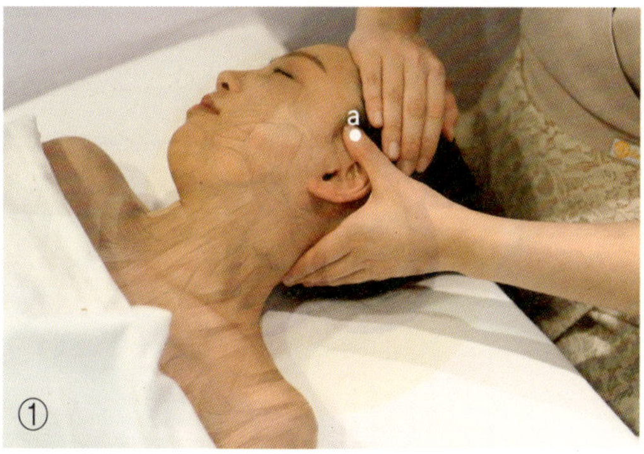

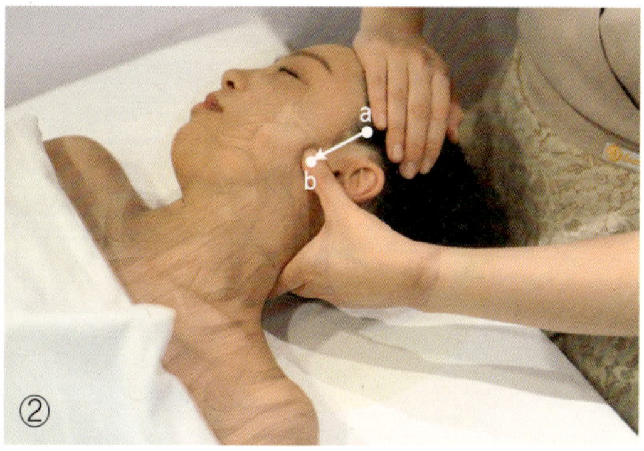

관리자가 대상자 머리 위에 앉아서 대상자의 고개를 45° 옆으로 돌린다. 엄지 손가락을 이용하여 귓바퀴a 부위 위 피부에서 부드럽게 귓불 앞b 부위 위 피부까지 화살표 방향으로 유연시킨다. 동작은 3회 이상 반복한다.

(5) 시술 과정 5

광대를 아래로 내리는 동작이다.

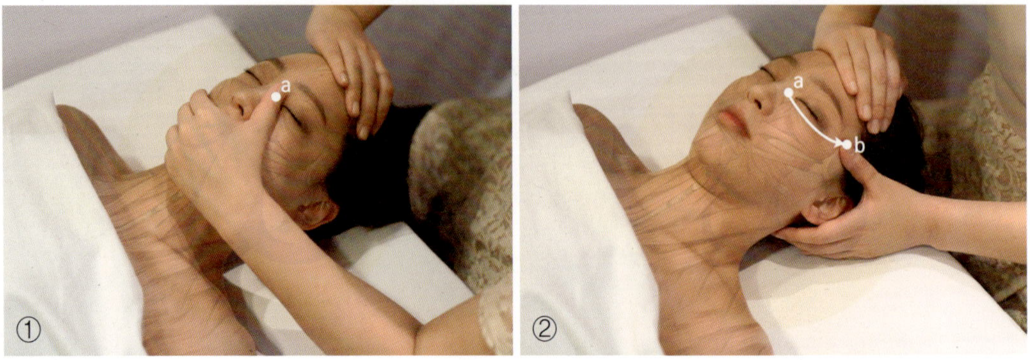

관리자가 대상자 머리 위에 앉아서 대상자의 고개를 정면으로 하고 앞으로 눕힌다. 엄지손가락을 이용하여 눈 앞머리$_a$ 부위 위 피부에서 부드럽게 관자놀이$_b$ 부위 위 피부까지 화살표 방향으로 유연시킨다. 동작은 3회 이상 반복한다.

(6) 시술 과정 6

45°로 튀어나온 광대를 얼굴 안쪽으로 모으는 동작이다.

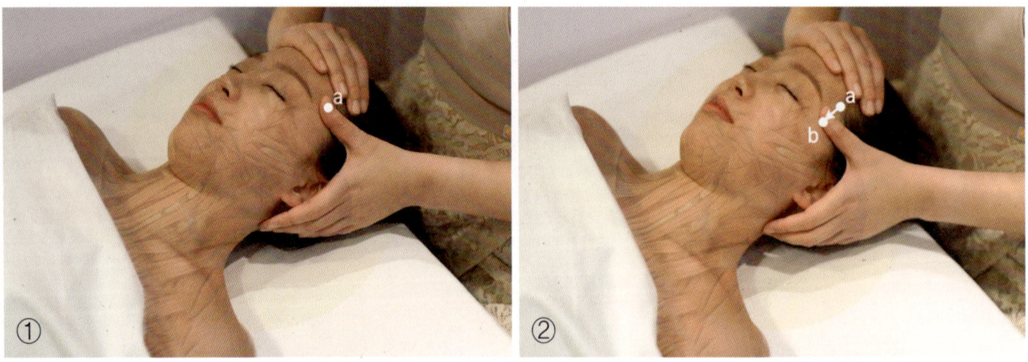

관리자가 대상자 머리 위에 앉아서 대상자의 고개를 15°로 옆으로 돌린다. 엄지손가락을 이용하여 관자놀이$_a$ 부위 위 피부에서 관골궁$_b$ 부위 위 피부까지 화살표 방향으로 유연시킨다. 동작은 3회 이상 반복한다.

(7) 고객 후기

① 20대 박○○ 고객 10회 관리전후서울 잠실점

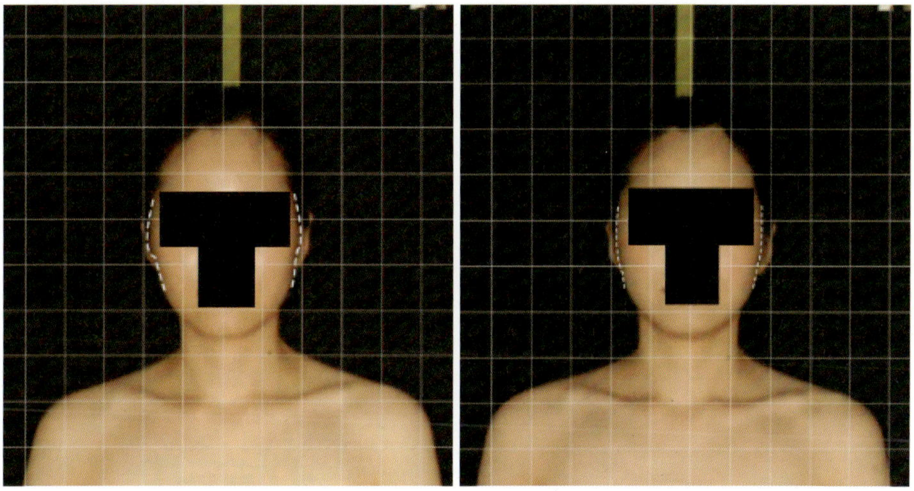

"광대뼈는 수술해야 되는 줄 알았어요. 근데 관리 받았는데 효과가 정말 좋아요. 사진을 통해서 전후 변화를 한 번에 볼 수 있어서 좋고, 정말 친절해서 더 좋습니다."

② 40대 정○○ 고객 5회 관리전후서울 명동점

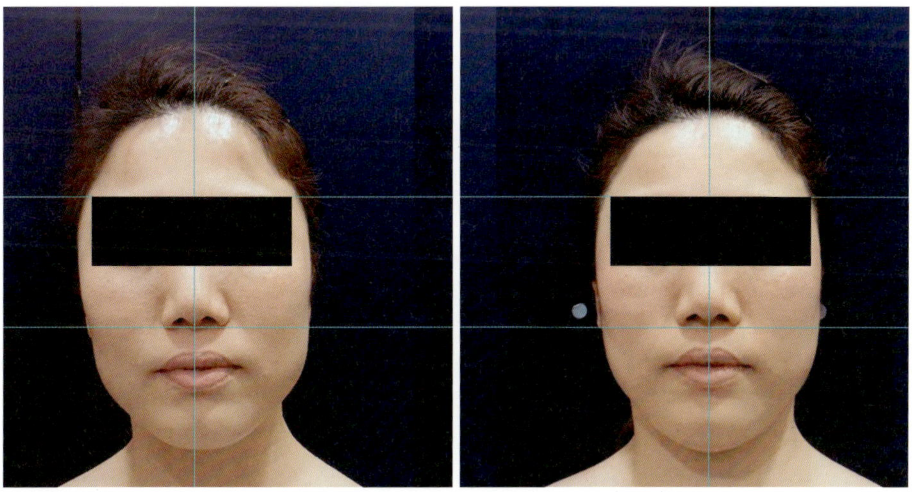

"관리시작하기 전 관리사 선생님께서 광대 1세트만으로는 만족 못할 수도 있다고 하셨는데 1세트 10회 받았는데 광대뿐 아니라 얼굴도 작아진 것 같아요. 거기다가 관리 매회 차마다 하나씩 바뀌는 부분을 하나하나 설명까지 해주셔서 더 신뢰가 갔습니다. 얼굴이 예뻐지니 더 열심히 가게 되네요!"

③ 20대 이○○ 고객 10회 관리전후서울 청담점

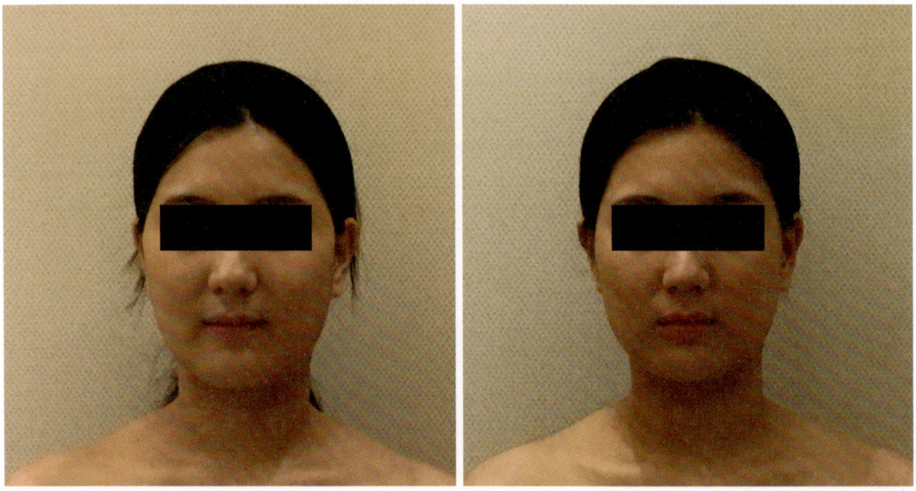

"저는 항상 마스크 위로 툭 튀어나온 광대 때문에 스트레스 받았어요. 꾹꾹 누르기도 하고 온갖 마사지 방법을 따라해 봤지만 소용 없더라구요ㅜㅜ 결국 찾다찾다 위뷰티를 가게 되었어요. 처음 관리 받고 거울을 봤는데 제 얼굴이 이뻐진 기분이랄까ㅎㅎ 그래 이거다 하고 꾸준히 10회를 받았어요. 처음 받은 날보다 훨씬 더 광대라인이 정리된 기분이라 너무 좋아요~"

3. 얼굴 길이 줄이기

얼굴의 길이는 생활 습관이나 노화 등의 이유로 변화하는데 대부분 동안의 조건인 1:1:0.8의 비율이 무너지고 길어진다. 골근 피부관리에서 길게 변형된 얼굴을 줄여주는 안면 피부관리는 넓은 이마 길이와 늘어난 코 길이, 하안부 등을 줄여줌으로써 동안으로의 회복을 도와준다.

(1) 시술 과정 1

늘어진 턱선을 위로 올리는 동작이다.

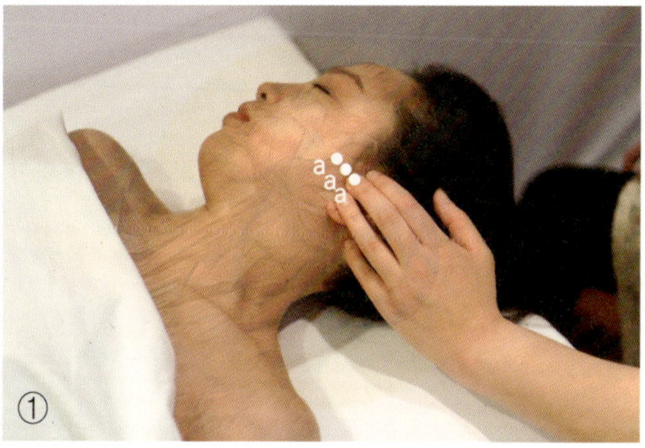

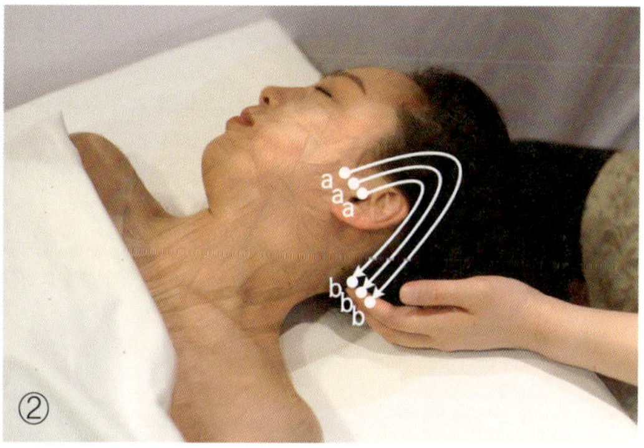

관리자가 대상자 머리 위에 앉아서 대상자의 고개를 45° 옆으로 돌린다.

귀 위를 3cm 간격으로 3등분 나눠준 뒤, 손가락 2, 3, 4지를 이용하여 귀 중앙a 부위 위 피부에서 부채꼴 모양으로 헤어라인b 부위 위 피부까지 엄지손가락 방향으로 둥글리며 화살표 방향으로 유연시킨다. 동작은 3회 이상 반복한다.

(2) 시술 과정 2

넓은 이마를 줄이는 동작이다.

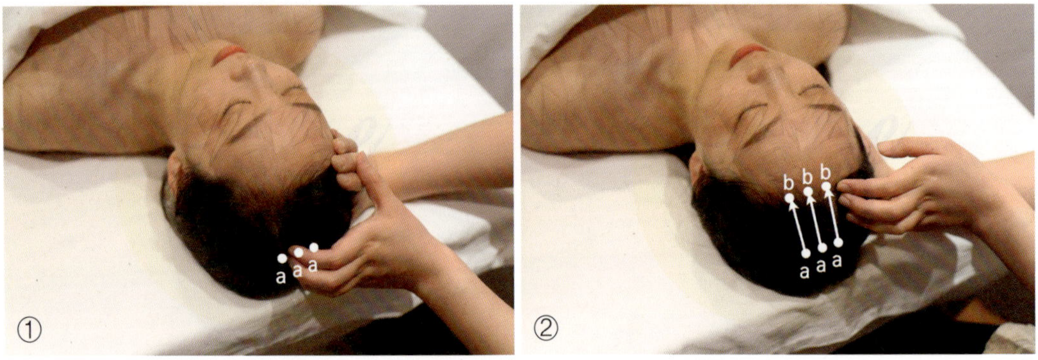

관리자가 대상자 머리 위에 앉아서 대상자의 고개를 정면으로 하고 앞으로 눕힌다. 전두근을 세로방향으로 3등분 나눠준 뒤, 손가락 2, 3, 4지를 이용하여 전두근 기시점$_a$ 부위 위 피부에서 헤어라인$_b$ 부위 위 피부까지 엄지손가락 방향으로 둥글리며 화살표 방향으로 유연시킨다. 동작은 3회 이상 반복한다.

(3) 시술 과정 3

얼굴의 중안부인 코 길이를 줄이는 동작이다.

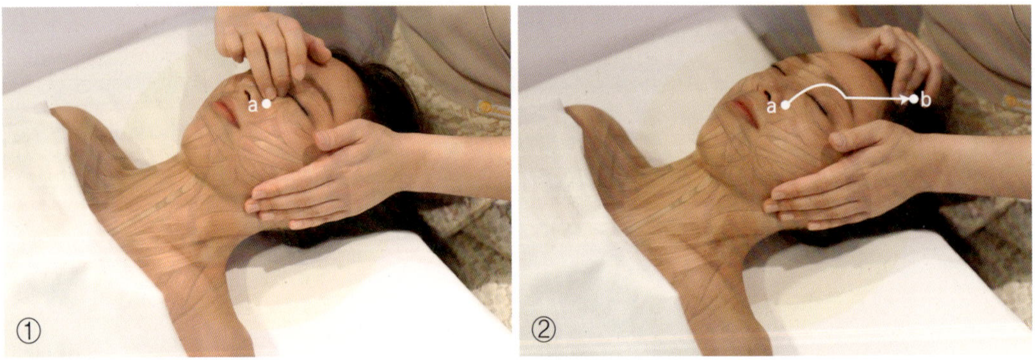

관리자가 대상자 윗쪽에 앉아서 대상자의 고개를 정면으로 하고 앞으로 눕힌다. 손가락 3, 4지를 이용하여 콧방울 옆$_a$ 부위 위 피부에서 눈썹산을 지나 헤어라인 뒤 5cm$_b$ 부위 위 피부까지 화살표 방향으로 유연시킨다. 동작은 3회 이상 반복한다.

(4) 시술 과정 4

두둑하게 솟은 눈썹 부위를 매끈하게 내리는 동작이다.

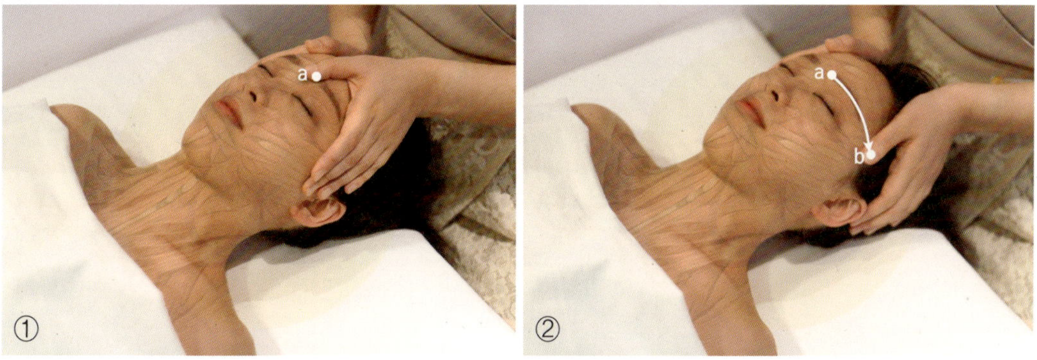

관리자가 대상자 머리 위에 앉아서 대상자의 고개를 정면으로 하고 앞으로 눕힌다. 엄지손가락을 이용하여 눈썹 앞머리$_a$ 부위 위 피부에서 관자놀이$_b$ 부위 위 피부까지 화살표 방향으로 유연시킨다. 동작은 3회 이상 반복한다.

(5) 시술 과정 5

이마 길이를 줄이는 동작이다.

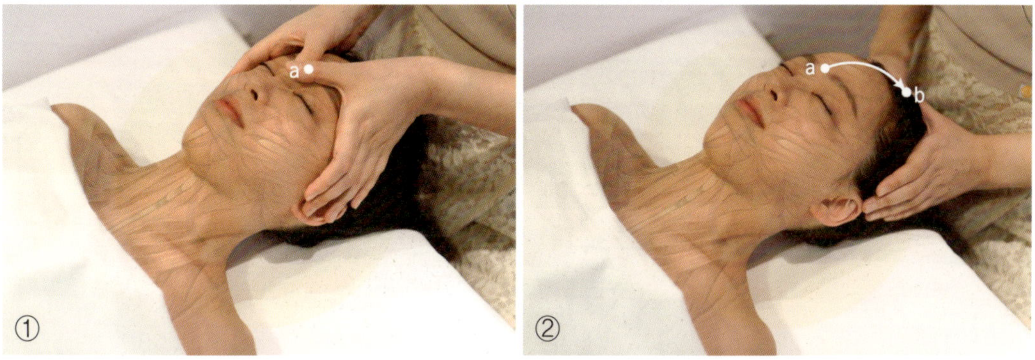

관리자가 대상자 머리 위에 앉아서 대상자의 고개를 정면으로 하고 앞으로 눕힌다. 엄지손가락 양손을 겹쳐서 양쪽 눈썹앞머리 중앙$_a$ 부위 위 피부에서 일직선으로 헤어라인 뒤 5cm$_b$ 부위 위 피부까지 화살표 방향으로 유연시킨다. 동작은 3회 이상 반복한다.

(6) 시술 과정 6

이마선과 얼굴선을 매끄럽게 잡아주는 동작이다.

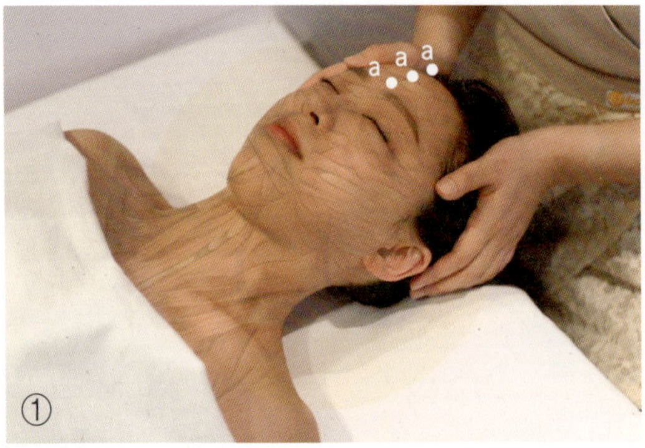

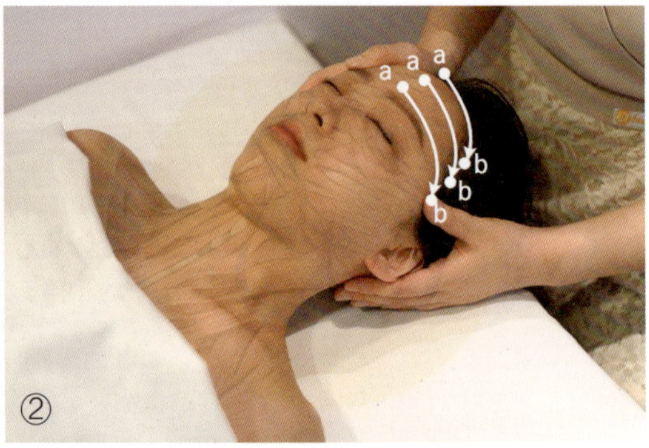

관리자가 대상자 머리 위에 앉아서 대상자의 고개를 정면으로 하고 앞으로 눕힌다. 이마를 가로로 3등분 나눠준 뒤, 엄지손가락을 이용하여 이마 가운데a 부위 위 피부에서 관자놀이b 부위 위 피부까지 화살표 방향으로 유연시킨다. 동작은 3회 이상 반복한다.

(7) 얼굴 길이 줄이기 고객 후기

① 30대 박○○고객 10회 관리전후서울 압구정점

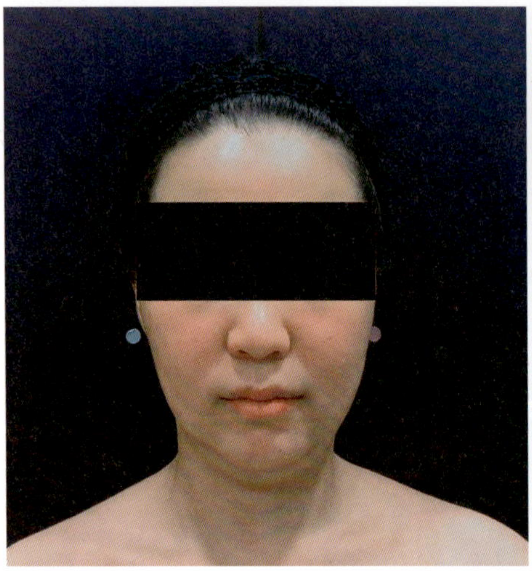

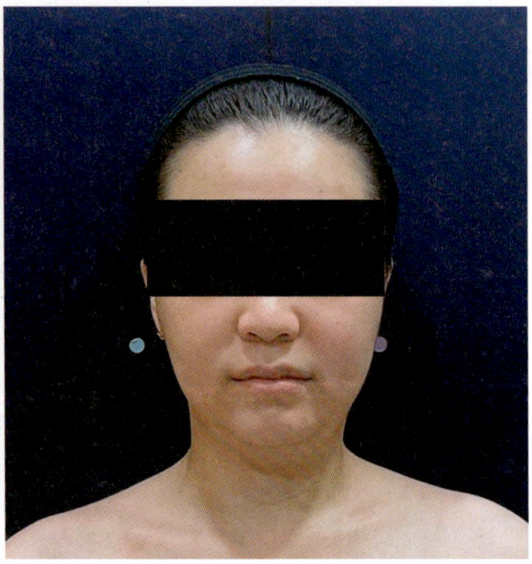

"얼굴이 길어서 말? 동물 말..닮았다는 소리 많이 들어요. 항상 이 문제로 스트레스여서 처음엔 유튜브로 영상을 따라하면서 시도해봤지만 다 실패.. 그러다 위뷰티를 만나게 되었어요ㅎㅎ 왠걸 10회 받고 나니까 얼굴이 제 얼굴이 아닌 만큼 너무나 달라져있었어요ㅎㅎ 진짜 강력 추천! 직원분들도 너무 친절하시고 룸도 1인룸이어서 편하고 좋았어요!"

② 30대 성○○ 고객 10회 관리전후서울 청담점

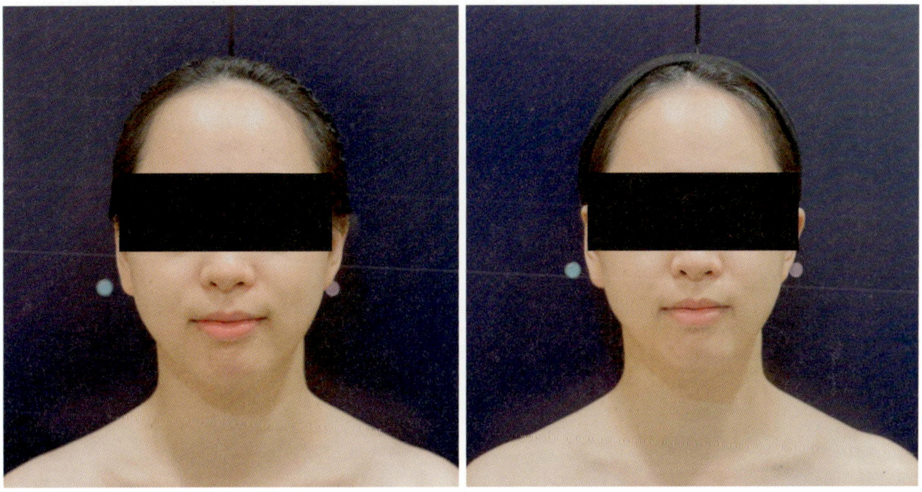

"제 콤플렉스인 긴 얼굴을 위뷰티에서 해결했어요. 진짜 찐으로 딱 10번 받았는데 얼굴이 이렇게 달라질 수 있다는 점에 눈이 번쩍 입이 다물어지지 않아요..ㅜ 여러분 진짜 모든 고민이 얼굴이다 하면 무조건 위뷰티 가세여 신세계를 맛볼거에요. 위뷰티 대박나세요 흐규ㅠ"

③ 30대 신○○ 고객 10회 관리전후서울 대학로점

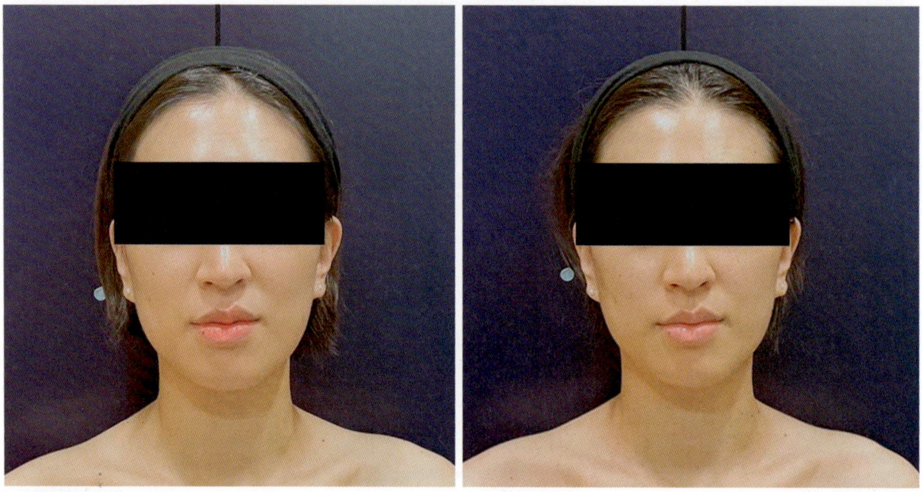

"직장인인 제가 가장 스트레스인건 업무도 아닌 제 얼굴이에요 다이어트를 해서 살을 쫙 뺐는데 원래 긴 얼굴이 더 길어보이더라구요ㅜㅜ 후기 보고 괜찮을 것 같아서 방문했는데 관리 첫날에도 효과가 느껴졌고 계속 꾸준히 관리해주면 긴 얼굴이 줄어들 것 같은 느낌이 확신이 들더라구요. 10회 모두 끝나니 다들 얼굴이 왜 이렇게 작아졌냐구 물어봐서 너무 기분 좋고 어깨가 으쓱했어요."

4. 얼굴 비대칭 교정하기

사람들은 대부분 어느 정도 얼굴 비대칭을 갖고 있다. 골근 피부관리에서 안면 비대칭 관리는 얼굴 균형을 잡아주는 것은 물론, 비대칭으로 인한 건강상의 문제에도 큰 도움이 된다.

(1) 시술 과정 1

얼굴의 긴장을 풀고 입꼬리를 올리는 동작이다.

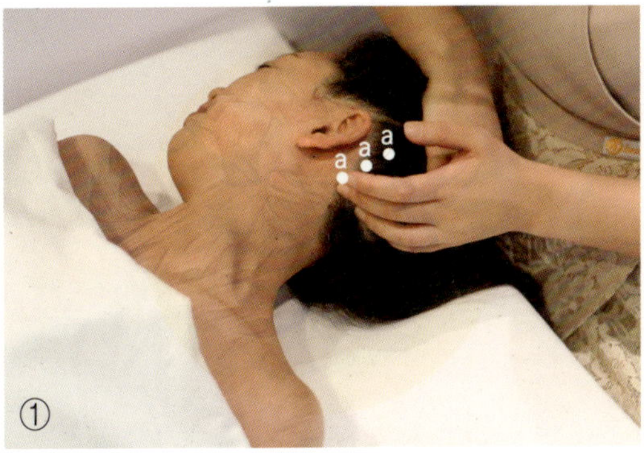

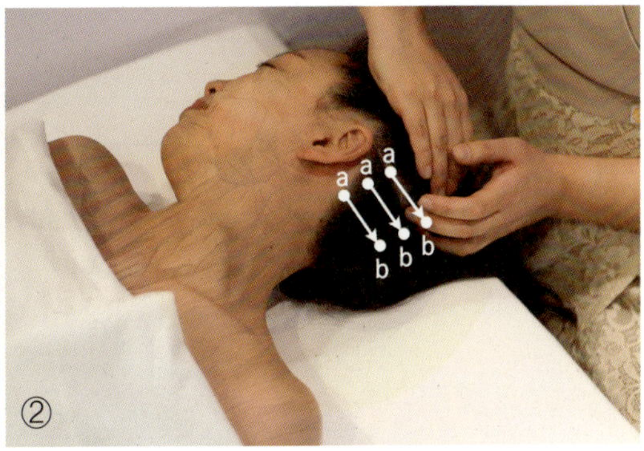

관리자가 대상자 머리 위에 앉아서 대상자의 고개를 45° 옆으로 돌린다. 귀를 가로방향으로 3등분 나눠준 뒤, 손가락 3,4,5지를 이용하여 귀 뒤$_a$ 부위 위 피부에서 머리중앙$_b$ 부위 위 피부까지 화살표 방향으로 유연시킨다. 동작은 3회 이상 반복한다.

(2) 시술 과정 2

눈꼬리를 올리는 동작이다.

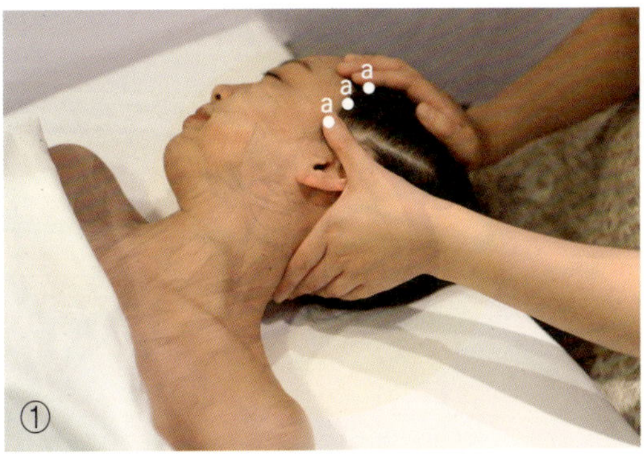

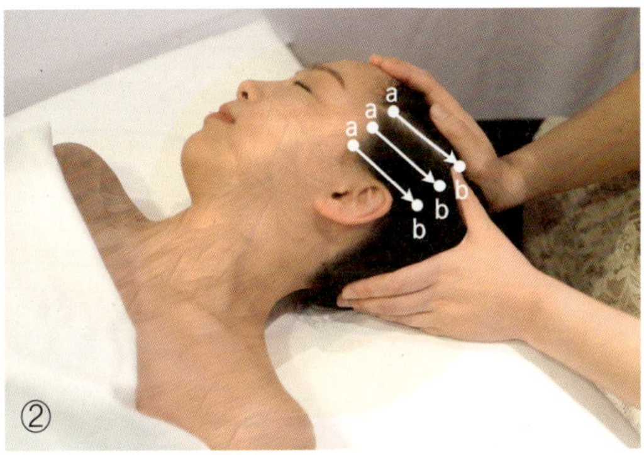

관리자가 대상자 머리 위에 앉아서 대상자의 고개를 45° 옆으로 돌린다. 관자놀이를 사선방향으로 3등분 나눠준 뒤, 엄지손가락을 이용하여 관자놀이 옆 헤어라인$_a$ 부위 위 피부에서 측두와 기시점$_b$ 부위 위 피부까지 엄지손가락 방향으로 둥글리며 화살표 방향으로 유연시킨다. 동작은 3회 이상 반복한다.

(3) 시술 과정 3

얼굴의 중심을 잡아주는 동작이다.

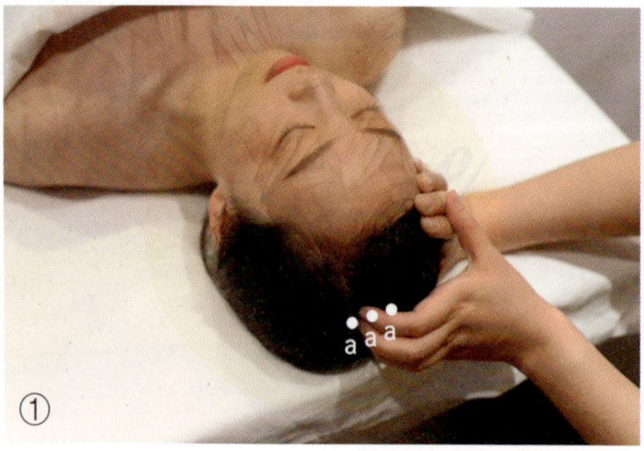

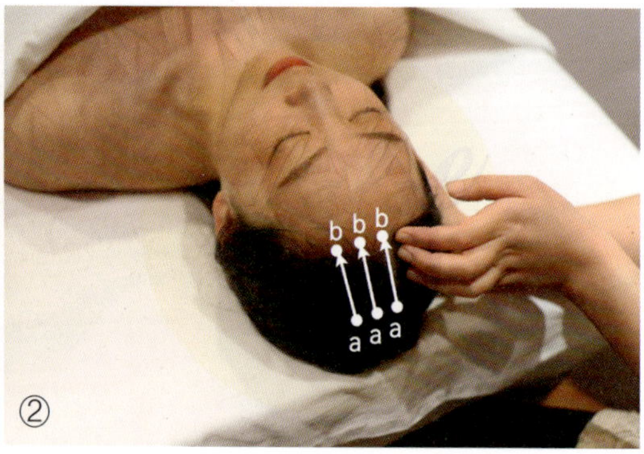

관리자가 대상자 머리 위에 앉아서 대상자의 고개를 정면으로 하고 앞으로 눕힌다. 전두근을 세로방향으로 3등분 나눠준 뒤, 손가락 2, 3, 4지를 이용하여 전두근 기시점$_a$ 부위 위 피부에서 헤어라인$_b$ 부위 위 피부까지 엄지손가락 방향으로 둥글리며 화살표 방향으로 유연시킨다. 동작은 3회 이상 반복한다.

(4) 시술 과정 4

얼굴 변형을 초래한 부분의 제한을 풀어주는 동작이다.

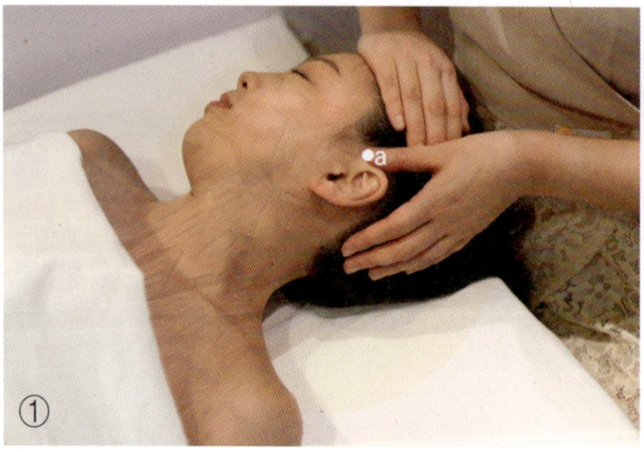

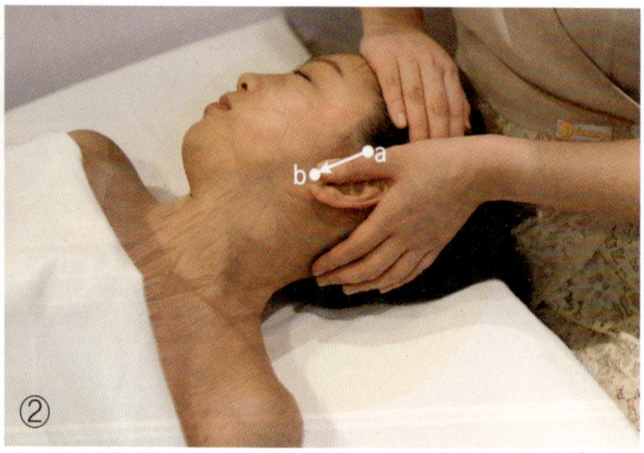

관리자가 대상자 머리 위에 앉아서 대상자의 고개를 45° 옆으로 돌린다. 엄지 손가락을 이용하여 귓바퀴$_a$ 부위 위 피부에서 귓불 앞$_b$ 부위 위 피부까지 화살표 방향으로 유연시킨다. 동작은 3회 이상 반복한다.

(5) 시술 과정 5

입꼬리와 코끝을 반듯하게 맞춰주는 동작이다.

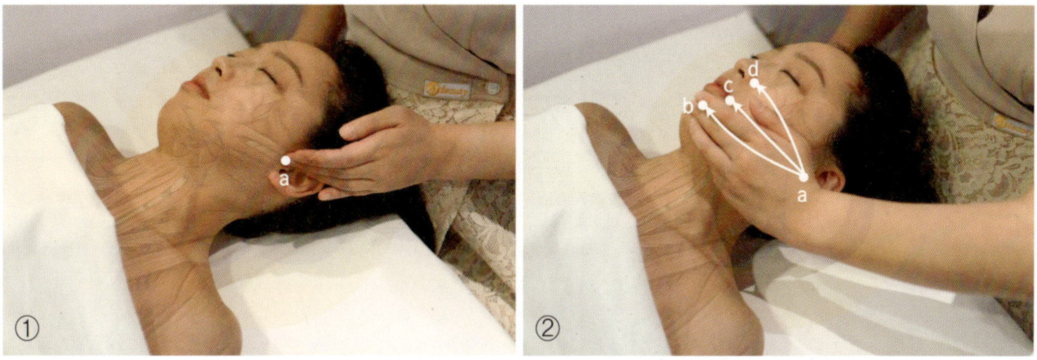

관리자가 대상자 머리 위에 앉아서 대상자의 고개를 45° 옆으로 돌린다.

손가락 3, 4지를 이용하여 악관절 부위$_a$ 위 피부가 기준이 되어 아랫입술$_b$ 부위 위 피부까지 엄지손가락 방향으로 둥글리며 화살표 방향으로 유연시킨다. 같은 방법으로 악관절$_a$ 부위 위 피부에서 입꼬리$_c$ 부위 위 피부까지, 악관절$_a$ 부위 위 피부에서 콧방울 옆$_d$ 부위 위 피부까지 둥글리며 화살표 방향으로 유연시킨다. 동작은 3회 이상 반복한다.

(6) 시술 과정 6

얼굴을 받치고 있는 목의 제한을 풀어주는 동작이다.

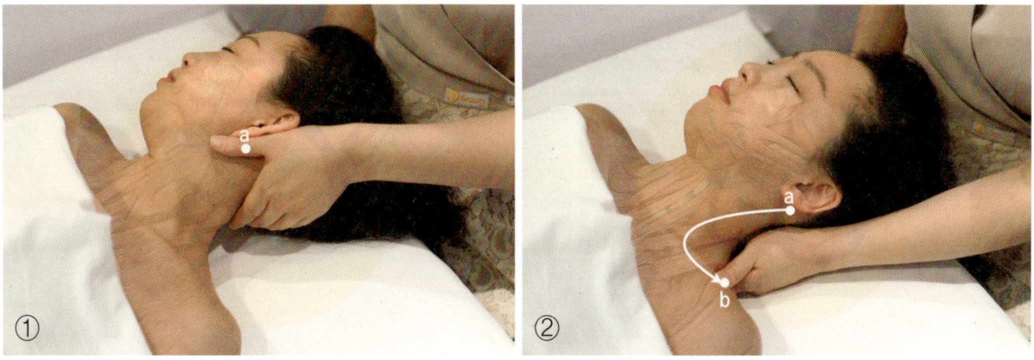

관리자가 대상자 머리 위에 앉아서 대상자의 고개를 45° 옆으로 돌린다.

엄지손가락을 이용하여 귀 뒤$_a$ 부위 위 피부에서 쇄골 끝$_b$ 부위 위 피부까지 화살표 방향으로 유연시킨다. 동작은 3회 이상 반복한다.

(7) 고객 후기

① 30대 김○○ 고객 10회 관리전후서울 청담점

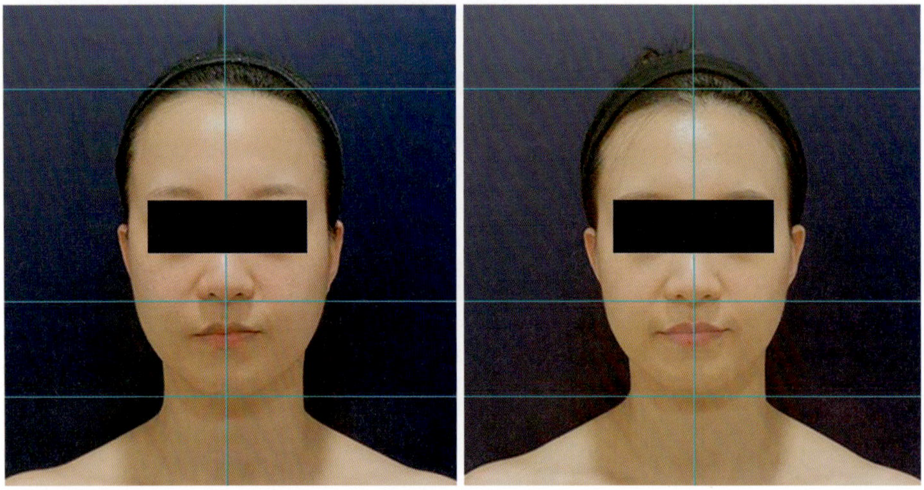

"정말 신기하게도 한 번 했을 때부터 확연히 차이가 나는게 느껴졌어요. 받으면 받을수록 제 값을 하는듯한 느낌때문에 꾸준히 갈 수밖에 없었습니다~ 완전 최고!!"

② 20대 김○○고객 16회 관리전후서울 청담점

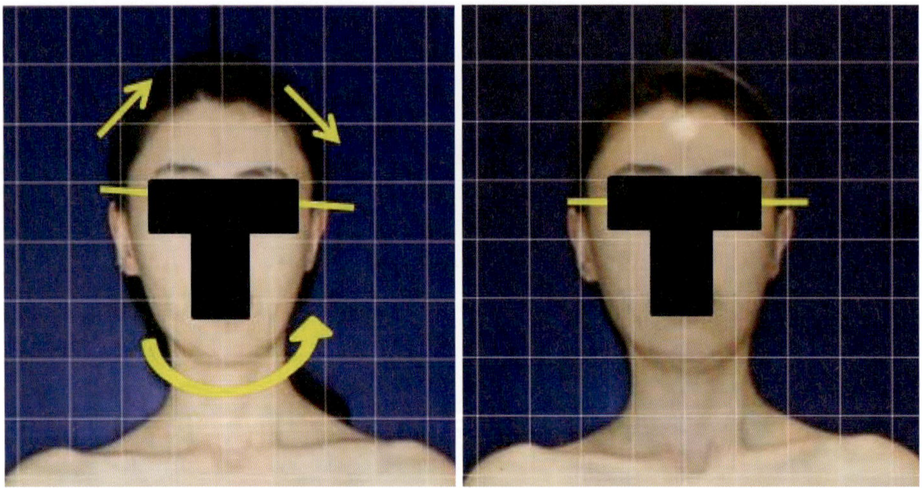

"똑같은 얼굴에 관리만 받았을 뿐인데 얼굴형이 예뻐져서 자존감도 많이 높아지고 너무 좋습니다. 관리하고 안하고의 차이 때문에 위뷰티를 끊을 수 없네요."

③ 20대 김○○고객 10회 관리전후서울 마포점

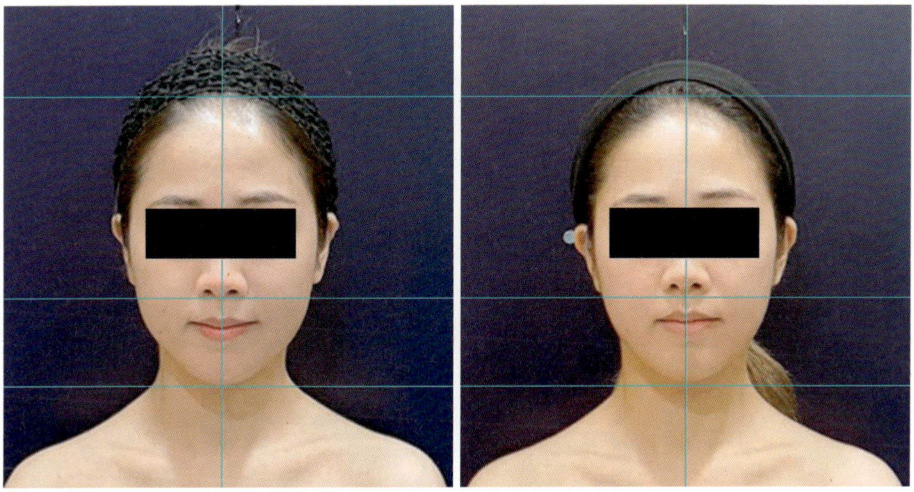

"저는 제가 그렇게 비대칭이 심한지 이제야 알았습니다. 어떻게 사람의 인상이 이렇게 달라질까요? 관리 받고나니까 진짜 인상이 부드러워져서 매일 셀카찍고 자랑하고 다녀요~"

5. 처진 볼살 올리기

처진 볼살이 생기는 것은 중력과 노화에 따라 형성되지만, 근육의 탄력 저하가 가중되는 현상으로 근육을 통해 상대적으로 회복이 가능하다. 골근 피부관리 처진 볼살 올리는 시술은 볼살이 처지면 생기는 팔자 주름과 처진 입꼬리를 같이 회복시켜줌으로써 인상도 밝게 해준다.

(1) 시술 과정 1

늘어진 볼살을 리프팅하는 동작이다.

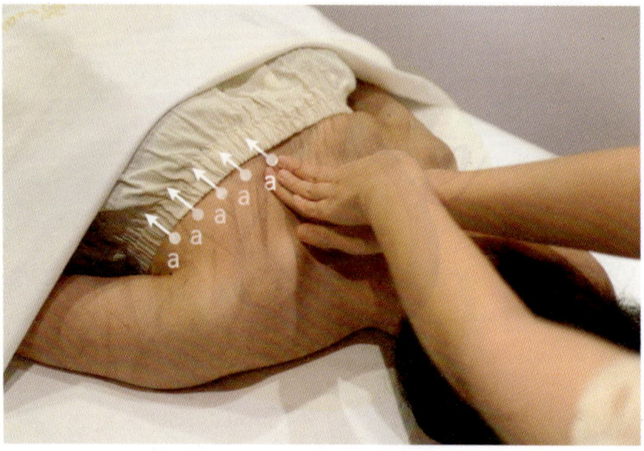

관리자가 윗쪽에 앉아서 대상자의 고개를 45° 옆으로 돌린다. 가슴에서 액와까지 5등분 나눠준 뒤, 손바닥 양손 포개어 줍니다. 가슴a 부위 위 피부에서 일직선으로 아래 5cm까지 피부를 화살표 방향으로 유연시킨다. 동작은 3회 이상 반복한다.

(2) 시술 과정 2

목과 어깨 움직임의 제한을 이완하여 얼굴을 리프팅하는 동작이다.

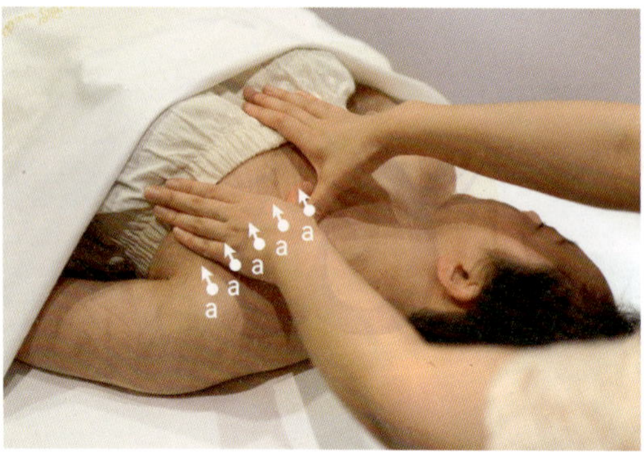

관리자가 대상자 머리 위에 앉아서 대상자의 고개를 45° 옆으로 돌린다. 쇄골 앞머리에서 쇄골 끝까지 5등분 나눠준 뒤, 양손 엄지손가락을 번갈아가며 쇄골 앞머리a 부위 위 피부에서 일직선으로 아래 2cm까지 피부를 화살표 방향으로 유연시킨다. 동작은 3회 이상 반복한다.

(3) 시술 과정

얼굴의 피부톤을 개선하며 볼살을 올리는 동작이다.

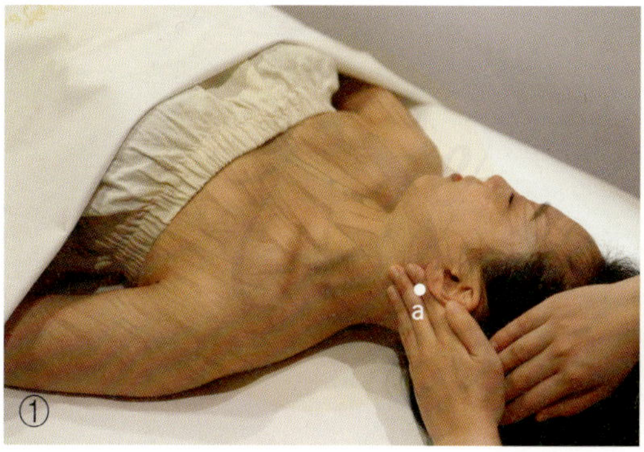

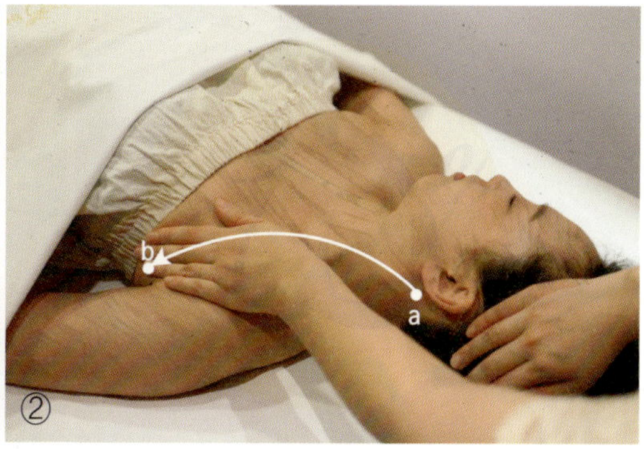

관리자가 대상자 머리 위에 앉아서 대상자의 고개를 45° 옆으로 돌린다. 손바닥 전체를 이용하여 귀 뒤$_a$ 부위 위 피부에서 액와$_b$ 부위 위 피부까지 화살표 방향으로 유연시킨다. 동작은 3회 이상 반복한다.

(4) 시술 과정

측두골을 뒤로 밀어주어 턱라인을 잡아주는 동작이다.

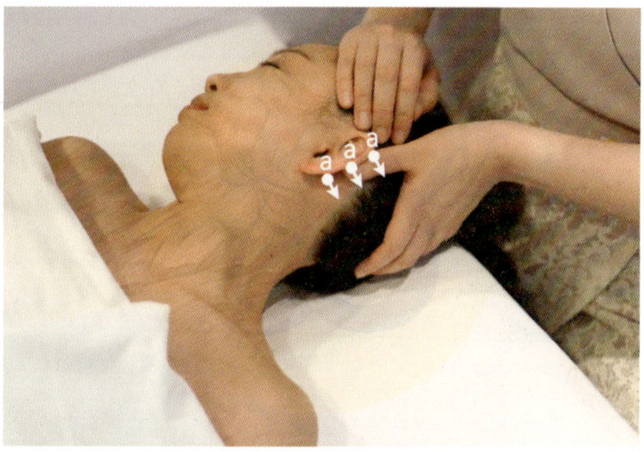

관리자가 대상자 머리 위에 앉아서 대상자의 고개를 45° 옆으로 돌린다. 귀 뒤 위에서 유양돌기까지 3등분 나눠준 뒤, 엄지손가락을 이용하여 귀 뒤$_a$ 부위 위 피부에서 2cm까지 옆으로 피부를 화살표 방향으로 유연시킨다. 동작은 3회 이상 반복한다.

(5) 고객 후기

① 20대 이○○ 고객 10회 관리전후서울 잠실점

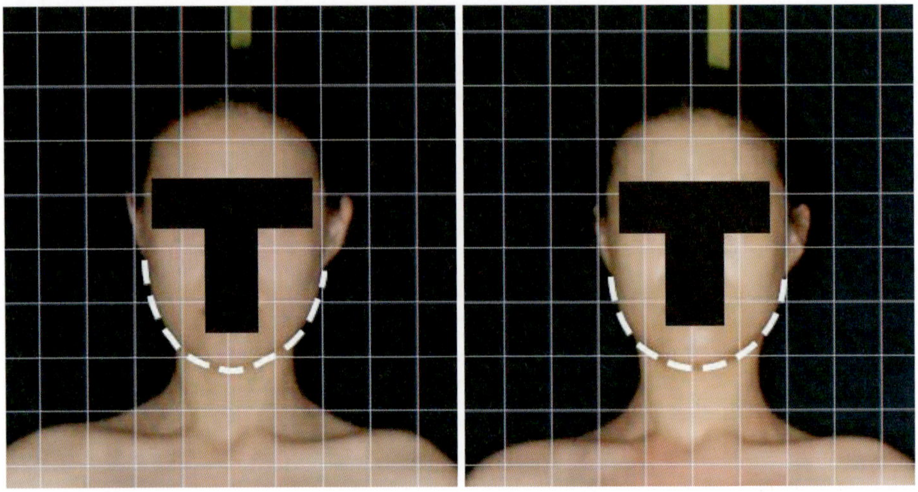

"요새 젊어진 것 같다는 소리를 많이 듣고 있어요. 처진 볼살 때문에 동안 소리는 듣지 못했었는데 너무 행복하네요. 금손 관리사님 최고!!"

② 40대 김○○ 고객 5회 서울 일산점

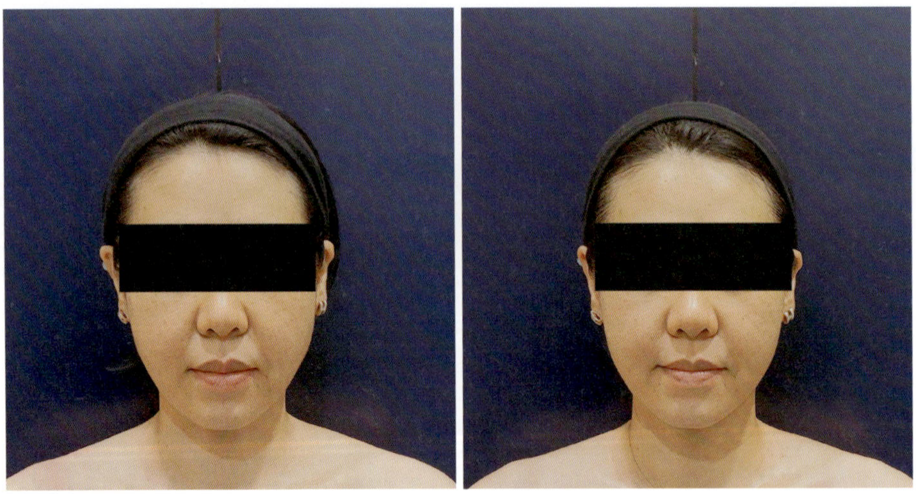

"나이들면 살이 처지는 건 어쩔 수 없나보다 살고 있었는데 관리 받을 때마다 바뀌는 얼굴을 보면서 삶의 행복을 느낍니다. 시술보다 더 좋은 것 같아요. 위뷰티 덕분입니다."

③ 50대 위○○ 고객 5회 관리전후전라도 광주점

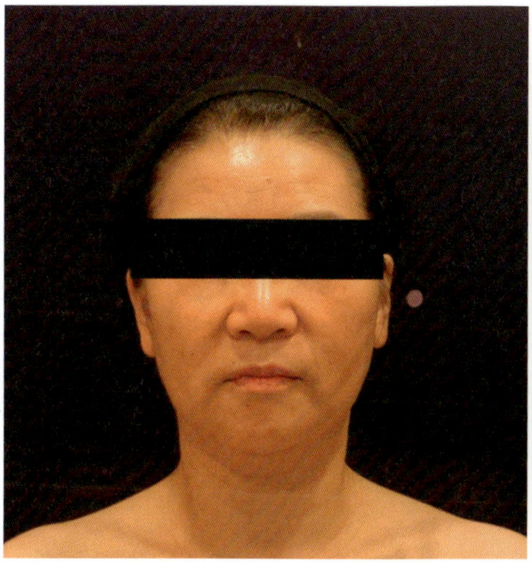 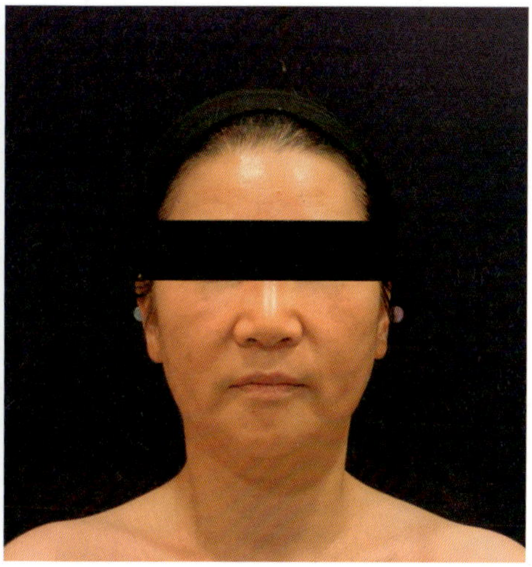

"처진 볼살로 늘 고민인 50대 주부 입니다. 나이가 점점 들면서 얼굴의 변화도 조금씩 생기더라구요. 탄력에 좋다는 비싼 화장품도 써보고 딸이 알려준 셀프 마사지도 해봤지만 혼자하기엔 나이들어서 그런지 더 힘들고 수술은 무섭구요. 위뷰티 가서 관리를 받았는데 정말 젊어진 기분입니다. 5회밖에 안 받았는데도 가족들도 친구들도 얼굴에 뭐 했냐고 물어보네요. 관리는 나이들수록 더 해야되나 봅니다. 앞으로도 잘 부탁드립니다."

6. 팔자 주름 없애기

팔자 주름은 노화로 인해 가중되지만 간혹 나이와 관계없이 표정과 습관에 의해서도 생성된다. 이는 주로 인상 형성에 부정적인 이미지로 작용하는데, 팔자 주름 부분을 다시 살로 채워줌으로써 동안 얼굴 형성에 도움이 된다.

(1) 시술 과정 1

중사각근 부위 위 피부를 관리하여 볼살을 리프팅하는 동작이다.

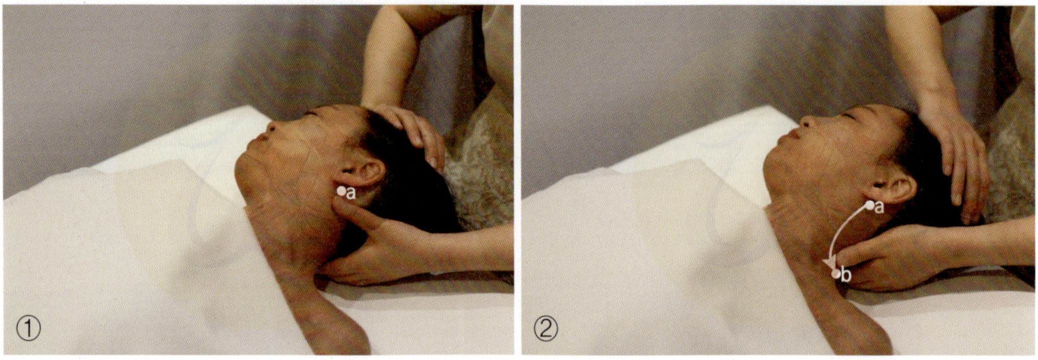

관리자가 대상자 머리 위에 앉아서 대상자의 고개를 45° 옆으로 돌린다. 엄지손가락을 이용하여 귀 뒤$_a$ 부위 위 피부에서 목 중앙$_b$ 부위 위 피부까지 화살표 방향으로 유연시킨다. 딱딱한 부분을 부드럽게 펴준다는 느낌으로 동작을 진행한다. 동작은 3회 이상 반복한다.

(2) 시술 과정 2

측두골을 뒤로 밀어주어 앞 광대를 내리는 동작이다.

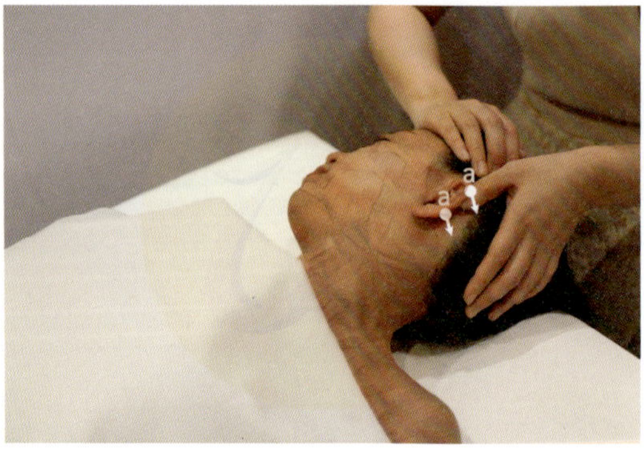

관리자가 윗쪽에 앉아서 대상자의 고개를 45° 옆으로 돌린다. 귀 뒤 위에서 유양돌기까지 2등분 나눠준 뒤, 엄지손가락을 이용하여 귀 뒤$_a$ 부위 위 피부에서 2cm까지 옆으로 피부를 화살표 방향으로 유연시킨다. 동작은 3회 이상 반복한다.

(3) 시술 과정 3

팔자 주름을 펴는 동작이다.

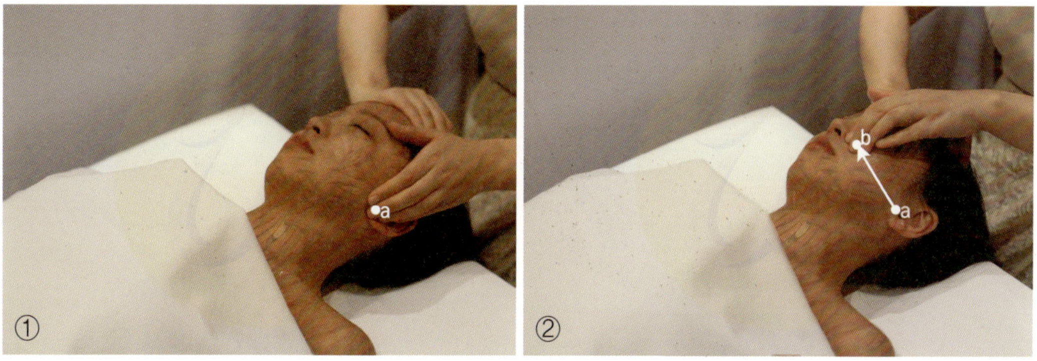

관리자가 대상자 머리 위에 앉아서 대상자의 고개를 정면으로 하고 앞으로 눕힌다. 손가락 2, 3, 4지를 이용하여 귓불 앞$_{a}$ 부위 위 피부에서 일직선으로 콧방울 옆$_{b}$ 부위 위 피부까지 화살표 방향으로 유연시킨다. 림프를 관리하듯 부드럽게 피부 관리한다. 동작은 3회 이상 반복한다.

(4) 시술 과정 4

팔자 주름 부위 근막 움직임의 제한을 이완시키는 동작이다.

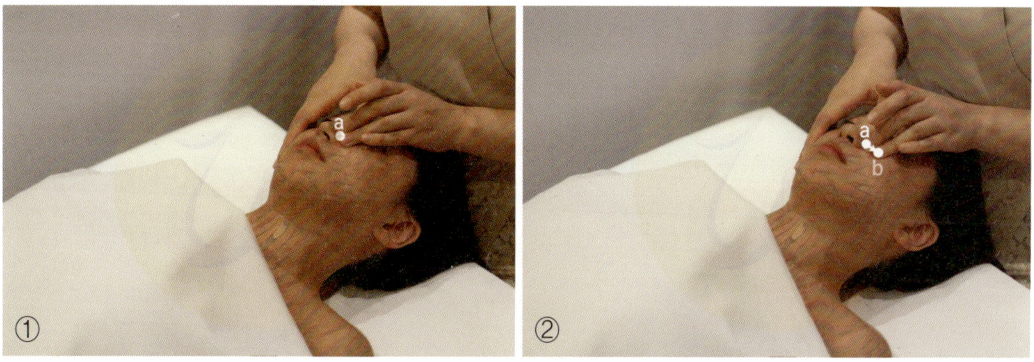

관리자가 대상자 머리 위에 앉아서 대상자의 고개를 정면으로 하고 앞으로 눕힌다. 손가락 3, 4지를 이용하여 콧방울 옆$_{a}$ 부위 위 피부에서 일직선으로 콧방울 옆 1cm$_{b}$ 부위 위 피부를 화살표 방향으로 유연시킨다. 동작은 3회 이상 반복한다.

(5) 시술 과정 5

팔자 주름 부위 근막 움직임의 제한을 이완시키는 동작이다.

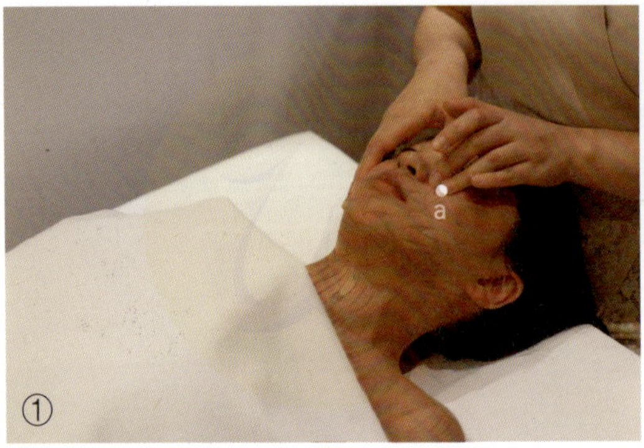

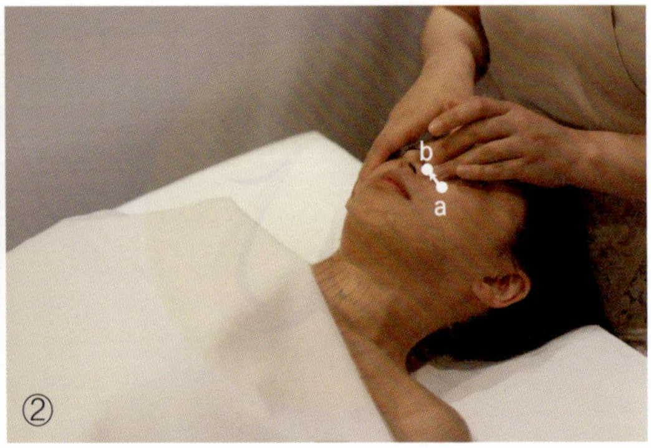

관리자가 대상자 머리 위에 앉아서 대상자의 고개를 정면으로 하고 앞으로 눕힌다. 손가락 3, 4지를 이용하여 콧방울 옆 1cm$_a$ 부위 위 피부에서 일직선으로 콧방울 옆$_b$ 부위 위 피부를 화살표 방향으로 유연시킨다. 동작은 3회 이상 반복한다.

(6) 시술 과정 6

팔자 주름을 살로 채우는 동작이다.

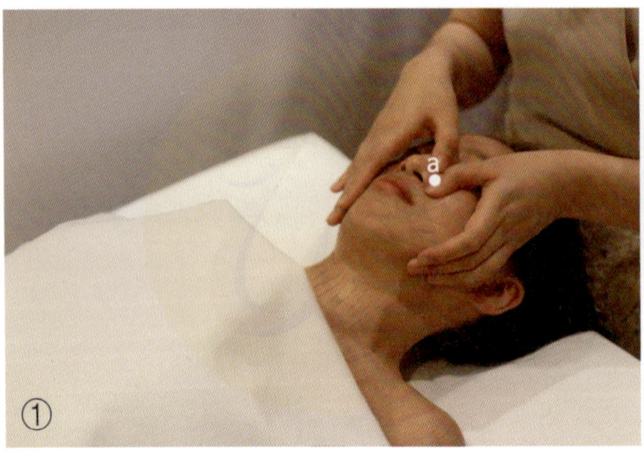

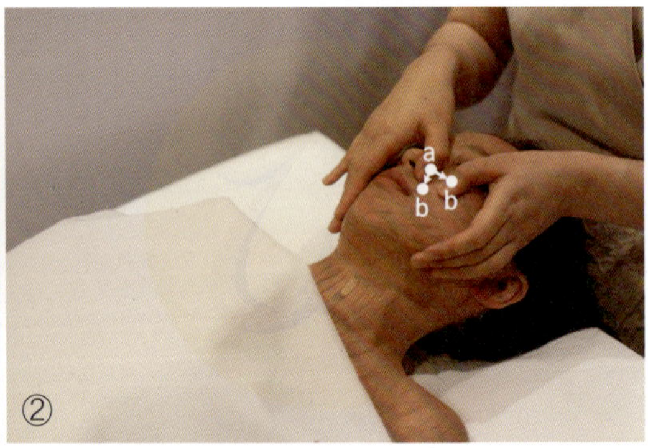

관리자가 대상자 머리 위에 앉아서 대상자의 고개를 정면으로 하고 앞으로 눕힌다. 양손 엄지손가락을 이용하여 콧방울 옆$_a$ 부위 위 피부에서 팔자 주름 경계선$_b$ 부위 위 피부를 부드럽게 교차하여 화살표 방향으로 유연시킨다. 동작은 3회 이상 반복한다.

(7) 고객 후기

① 20대 김○○ 고객 5회 관리전후서울 둔산점

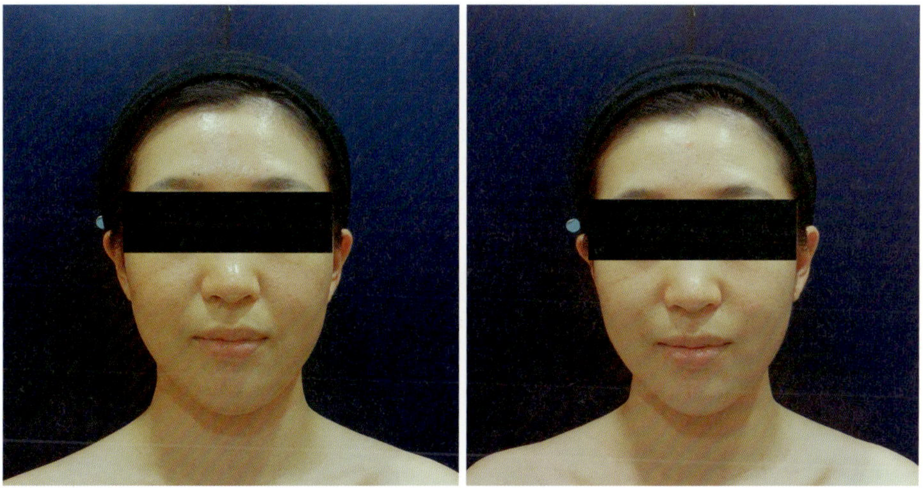

"20대인데도 팔자 주름이 심해서 엄청 고민이거든요. 근데 5회밖에 안 받았는데 벌써 얼굴에서 팔자 주름이 실종. 와~~~ 미쳤다!!! 위뷰티 완전 대박!!! ㅋㅋ 주변에서 시술했냐고 물어봐서 위뷰티 추천해줬어요~~"

② 30대 김○○ 고객 10회 관리전후서울 청담점

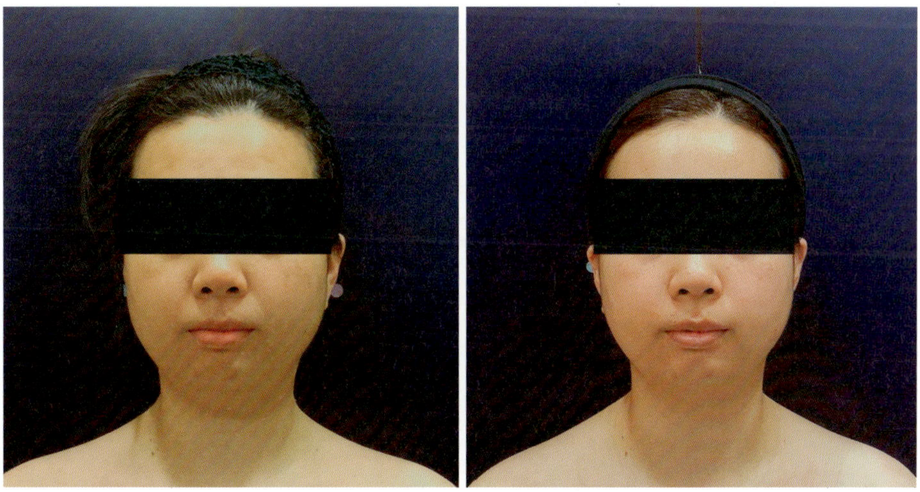

"팔자 주름 이야기만 하면 얼굴에서 팔자 주름밖에 안 보인다고 해서 매 번 스트레스 받았는데 팔자 주름 사라진게 보여서 만족스럽게 일상을 보내고 있습니다."

③ 30대 조○○ 고객 5회 관리전후서울 청담점

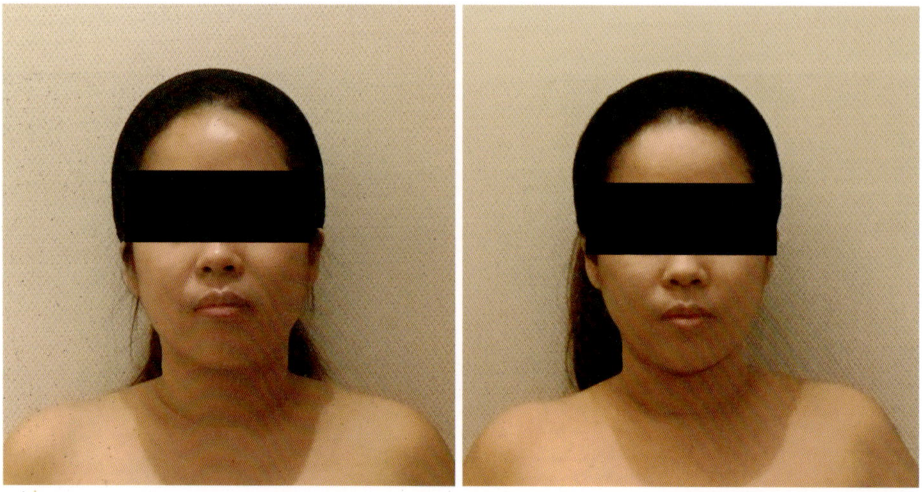

"무표정이나 웃을 때나 모든 표정을 지어도 망할놈의 팔자 주름은 왜 이렇게 거슬릴까요? 웃어도 부담스럽지 않은 예쁜 팔자 주름을 갖고 싶었어요ㅜ 유튜브에 팔자 주름 없애는 방법을 찾아봤는데 위뷰티가 많이 보이더라구요. 처음엔 영상으로 따라하다가 효과가 좋아서 직접 샵으로 갔어요. 시원하게 카드 긁고 5번 정도 관리를 받았는데 팔자 주름이 사라졌어요ㅜㅜ 셀카찍을 때도 이쁘게 나올 것 같은 느낌ㅎㅎ 위뷰티 사랑해용"

Chapter 6

골근 피부관리의 전후 변화 측정

골근 피부관리는 고객 신뢰를 위해 고객이 안면 변화를 평가할 수 있도록 정량적 평가를 제공하고 있다. 골근 피부관리를 통한 고객 안면의 물리적 변화는 정확한 분석에 의해 고객 상담 자료로 활용되고 있으며, 또한 다양한 학술활동과 검증작업을 오랜 세월 진행해왔다. 이러한 분석 관리는 고객이 실질적인 변화를 인지하는데 신뢰를 주는 것은 물론 골근 피부관리가 효율적이고 신뢰할 수 있는 관리임에 관리사들이 자신감을 갖고 고객 상담과 관리를 행할 수 있게 해준다.

고객의 시술 전후의 변화를 입증하기 위해서는 다양한 분석 기기 및 방법을 선택, 활용할 수 있으며 각 관리실의 환경과 여건에 맞는 방법을 선택할 수 있으나, 좀 더 과학적인 방법의 선택이 신뢰 구축에 도움이 될 것이다.

이에 골근 피부관리에서 활용되는 분석 방법 사례를 통해 고객 신뢰 구축의 방법을 알아보고자 한다. 본서에 소개된 관리의 전후 측정은 이런 과정을 통해 분석되고 입증되었다.

1. 얼굴 형상의 변화 측정

골근 피부관리에서 관리의 효과성 검증을 위해 이전에는 석고를 이용하여 정성적으로 그 변화를 비교 분석한 것에서 출발하였으나, 분석 프로그램의 활용이 상향되면서 좀 더 과학적인 측정도구인 안면 · 체형 영상 진단 시스템과 디지털 오토프로그램을 통해 관리 전후를 측정한다.

본 측정을 통해 각 관리실에서도 골근 피부관리의 작은 얼굴 만들기, 얼굴 길이 줄이기, 얼굴 비대칭 바로잡기는 물론 다양한 신체의 변화도 측정할 수 있다. 또한, 골근 피부관리는 좀 더 과학적인 신뢰 확보를 위해 연구기관을 통해 3D 레이저 스캔으로 과학적 근거를 마련하는 임상을 진행한 바, 골근 피부관리의 효과성을 입증하기도 했으나, 고객 관리를 위한 측정에는 다소 번거로움과 비용이 많이 들어가는 측정이라고 할 수 있다.

1. 영상 진단 시스템

안면 · 체형 영상 진단 시스템Moire Topography System과 디지털 오토프로그램Canon 400D이 들어있는 디지털 카메라를 활용하여 이를 자동으로 인식하여 측정하는 프로그램으로, 3D 레이저 스캔 시스템에 비해 경제적이며 프로그램 전문가가 아니어도 진단이 용이하고, 2차원적인 진단이나 길이와 폭을 통해 부피 감소의 간접 해석이 가능하며 얼굴 변화 측정에 무리가 없고 비율 및 좌우 불균형 등도 분석할 수 있다.

그림 6-1 안면·체형 영상 진단 시스템과 디지털 오토프로그램

안면 측정방법은 얼굴의 형상학적 특성을 연구한 선행 연구자들을 참고하여 측정에 필요한 항목을 결정하였으며 그 항목 기준은 아래와 같다.

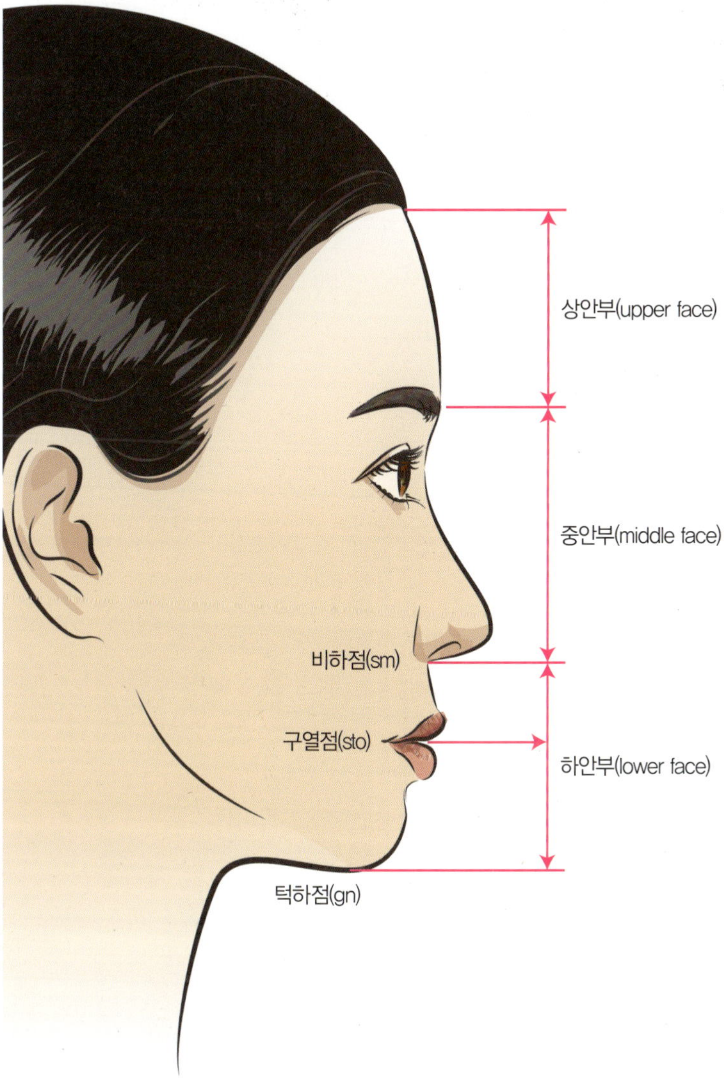

출처 : 김흥규(2003). 한국여성의 미인얼굴과 평균얼굴의 생체계측학적 분석. 고려대학교 석사학위논문. p.24

그림 6-2 길이 측정점

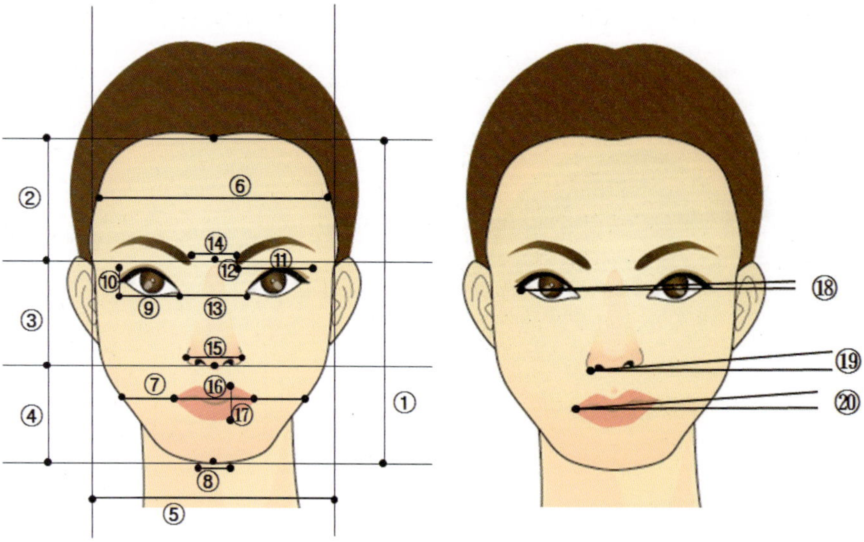

출처 : 김애경, 이경희(2010). 여성 얼굴의 측정치를 통한 20대와 60대의 비교분석. 감성과학, 13(3), p.3, p.486

그림 6-3 측정 기준선

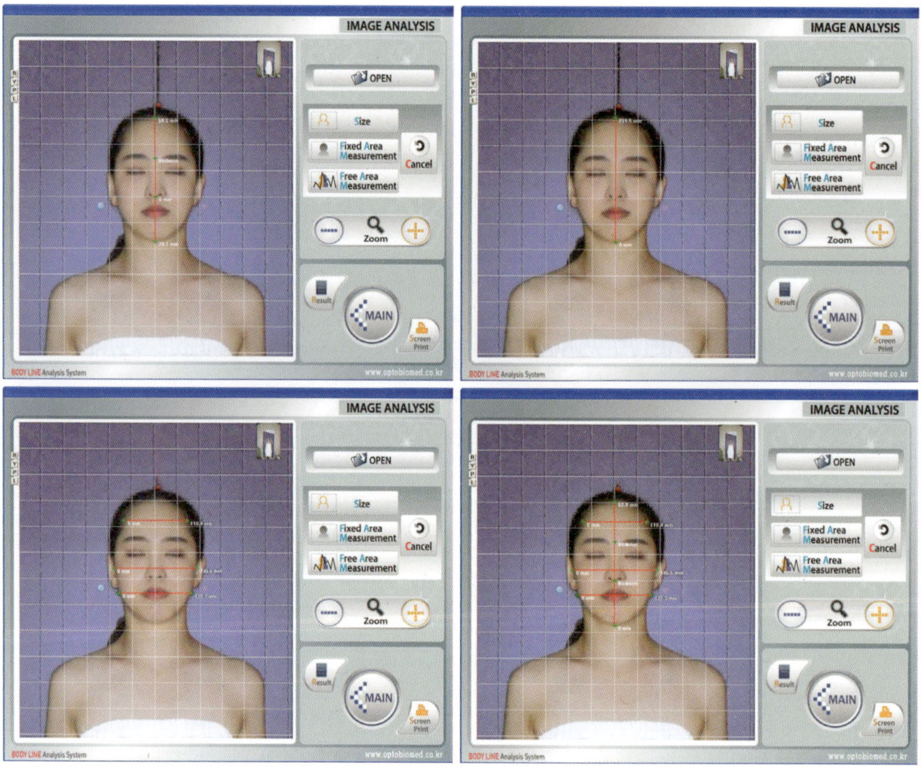

그림 6-4 골근 안면피부관리의 측정 기준선 사례

2. 석고모형

골근 피부관리에서 초기에 활용했던 평가 방법으로 다른 측정기기가 없을 경우, 간편하게 사용할 수 있는 장점이 있으나 오차 범위가 커서 고객의 신뢰 확보가 약한 단점이 있다.

얼굴 폭과 길이 변화를 비교하기 위하여 관리 전 발제점을 기준으로 헤어라인을 따라 좌·우측 귓구멍점 기준으로 턱끝 융기점까지 안면 테두리를 다 감싼 후 안면 석고 모형을 뜨고, 관리 후 같은 방법으로 다시 석고 모형을 떠서 관리 전, 후의 변화를 비교한다.

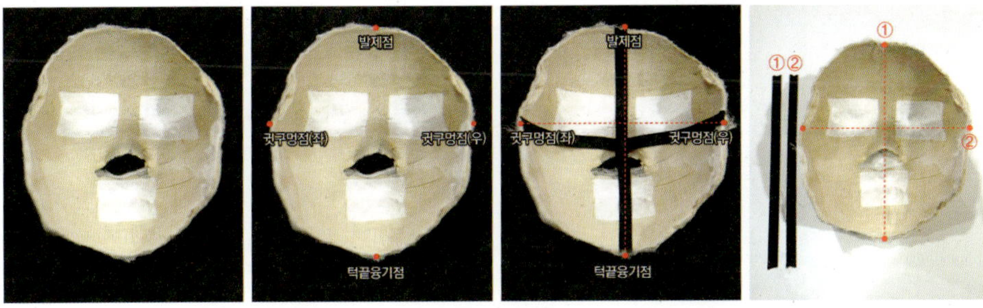

그림 6-5　석고모형의 관리 전후 평가 사례 1

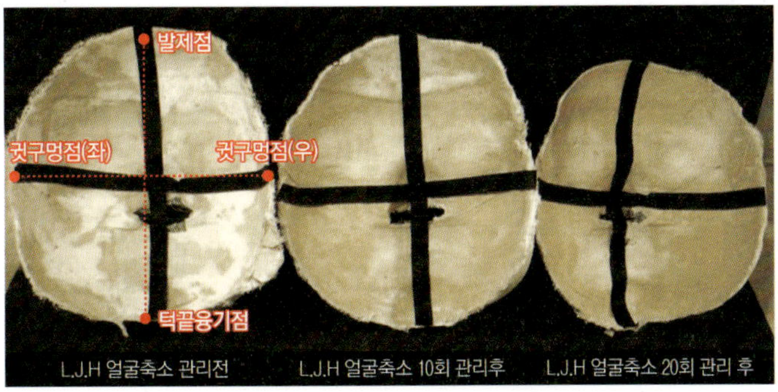

그림 6-6　석고모형 관리 전후 평가 사례 2

3. 3D 레이저 스캐너3D Laser Scanner

입체적인 분석시스템으로 길이와 폭은 물론 부피 및 두께 측정이 가능하다. 스캔 후의 자료는 이미지 분석 프로그램Rapid-form 2004을 활용하여 분석한다.

3차원 역설계 소프트웨어 프로그램을 이용하여 정면, 오른쪽, 왼쪽 세 방향에서 부분 스캔된 3D 레이저 스캔 영상을 조합하여 전체 안면 입체 영상으로 재구성하는 방식으로 각 대상에서 촬영된 분석 전후의 전체 안면 연조직 입체 영상을 얻을 수 있다.

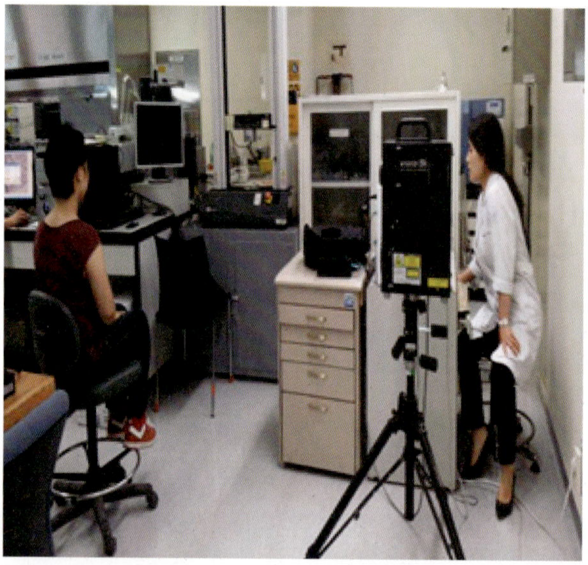

그림 6-7 3D 레이저 스캔 촬영

이처럼 분석 전, 후의 얼굴 변화를 측정하기 위한 3D 레이저 스캔은 부피 차이를 보기 위해 전후의 중첩 영상을 활용하게 된다. 본 프로그램에서 아래와 같이 시술 전후 중첩 영상을 통해 두께 변화 정도를 분석하는데, 우측의 색상 그래프가 변화량의 정도에 따라 푸른색에서 시작하여 하늘색, 초록색, 노란색, 주황색, 붉은색으로 갈수록 변화량이 커지는 것을 의미한다.

이러한 색상 그래프의 변화에 따라 광대 부위 및 저작근 부위의 두께 변화를 측정할 수 있다.

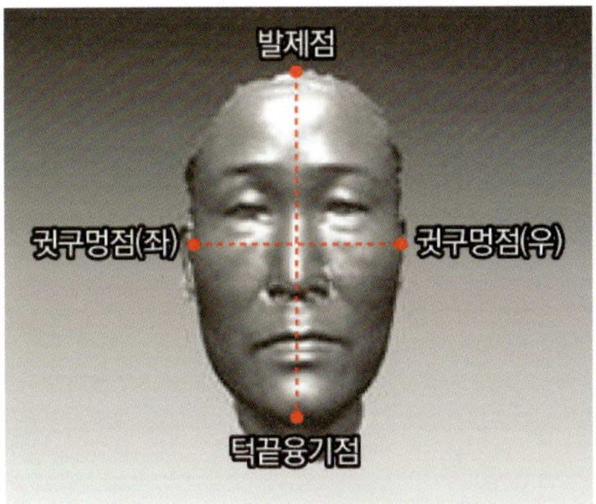

그림 6-8 골근 피부관리 전 영상

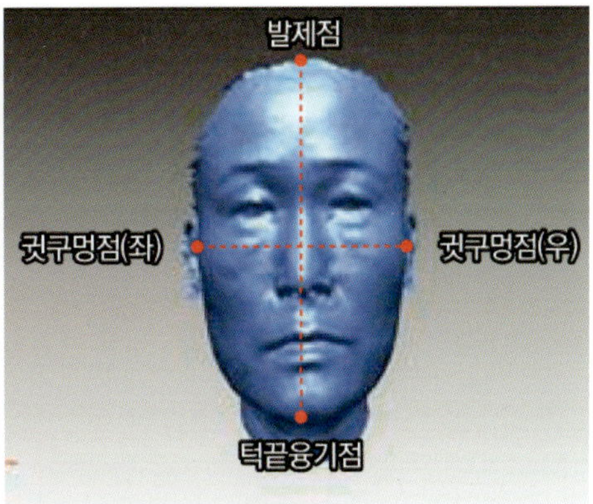

그림 6-9 골근 피부관리 후 영상

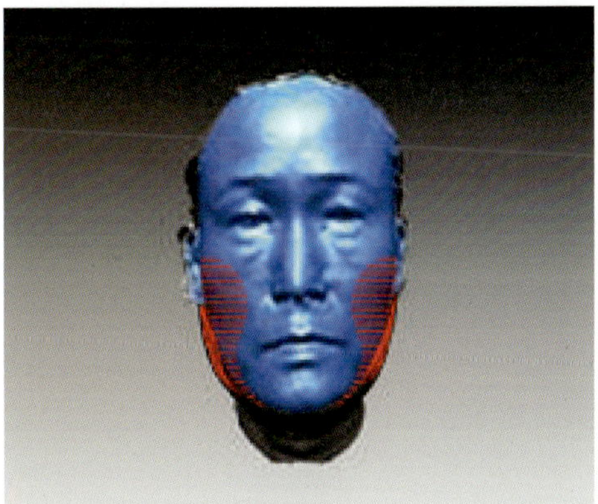

그림 6-10 골근 피부관리 전후 중첩 영상

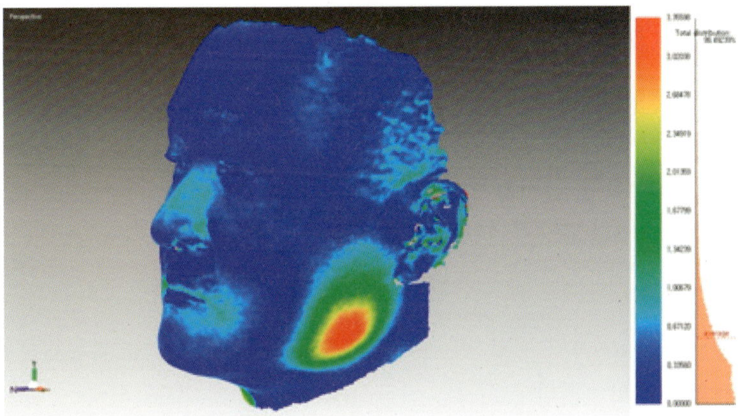

그림 6-11 얼굴 두께 변화 측정 사례

골근 피부관리는 위의 프로그램을 통해 관리 후 얼굴의 부피 및 두께가 줄어든 것을 입체적 측정으로 확인하였는데, 특히 하안부에서 많은 변화가 나타났다. 3D 레이저 스캔 분석을 통해 골근 테라피의 횟수에 따른 얼굴 부피의 변화량과 얼굴 광대뼈 부위의 두께 변화량을 분석한 결과, 통계적으로 유의한 감소를 보였다. 또한, 얼굴 저작근 부위의 두께 변화량을 분석한 결과에서도 통계적으로 유의한 감소량을 보여 학술적 가치는 물론 과학적으로 신뢰받는 근거 기반이 되었다.

특히, 골근 피부관리는 2011년 안면 관리 중 안면골 변화 측정을 위한 임상으로 더 심층적인 CBCTCombem CT 측정을 진행하였으며, 그 변화를 확인하는 임상을 통해 효과를 논문으로 발표한 바 있다.

CBCTCombem CT를 통한 안면골의 변화 측정

안면골의 변화를 측정하는 방법으로는 CBCTRayscan Symphony, RAY Co., Kyunggi-Do, KOREA를 사용하며, Invivo 5 Anatomy image softwareAnatomage Inc., San Jose, CA, USA를 이용하여 3차원 영상으로 재구성하여 분석할 수 있다. 비용이 많이 들고 병원의 의료기기를 통해서 측정이 가능한 어려움이 있다.

전산화단층촬영장치인 CBCT는 정확성을 인정받은 의료용 3차원 디지털 영상으로 안면 두 개 골격의 3차원 영상 및 측정이 가능하여 치과의 교정과 영역을 비롯한 안면골 변화를 측정하는 신뢰성 있는 도구로 활용되고 있다. CBCT를 장착한 장비는 3-D 이미지조합 소프트웨어를 통해서 치료계획용 CT 촬영 시에 획득한 환자의 단면 이미지와 치료 시에 CBCT를 이용해 얻은 단면 이미지를 각기 다른 화면에서 비교하여 볼 수 있고 영상 융합을 할 수도 있다.

2. 얼굴 피부의 변화 측정

골근 피부관리는 정확한 얼굴 피부 분석을 위해 피부영상분석 시스템과 CANON 450D를 활용하여 평형평광영상PPI을 취득하여 피부를 정량적으로 분석하는 측정기기를 사용하였다. 이를 통해 골근 피부관리 전후로 피부 표피층을 분석하는 PPI 영상을 활용하여 얼굴 피부의 주름과 탄력 등을 분석할 수 있다.

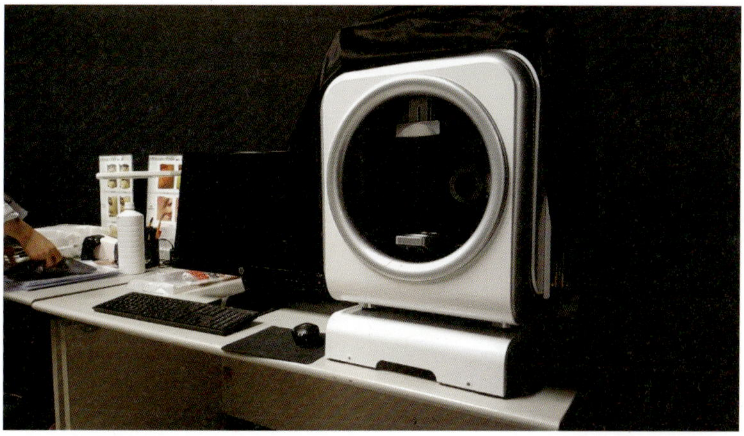

그림 6-12 피부영상분석 시스템(DermaVision; (주)더마비전, made in korea), DermaView-PRO 모델

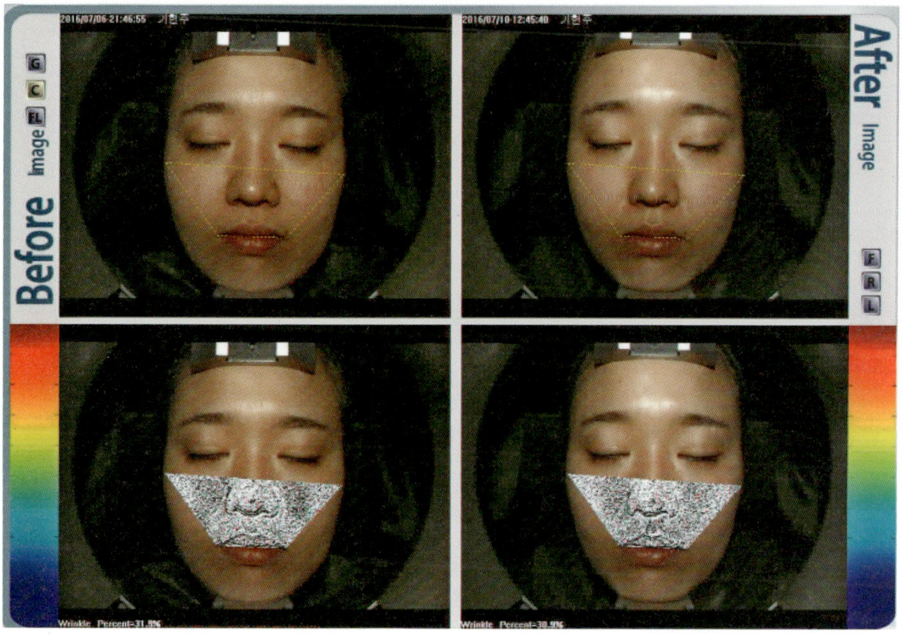

그림 6-13 얼굴 주름의 변화 측정 사례

골근 피부관리는 위의 프로그램을 통해 관리 후 얼굴의 주름이 줄어든 것을 확인하고 그에 따르는 탄력 형성을 학술 발표로 진행한 바 있다.

참고 문헌

- COLBERT·ANKNEY·LEE, "New 해부생리학". 강성례·김미숙·심환희·김영철·김연정·김형동·김일용·노은경·박상숙·박진희·송선영·송애랑·임재길·윤미경·이정선·임강일·차병헌·한동욱·한상숙 (번역), 메디시언, 2015.
- Hildegard Wittlinger·Dieter Wittlinger·Andreas Wittlinger·Maria Wittlinger, "Dr. Vodder's Manual Lymph Drainage: A Practical Guide", Thieme Medical Pub, 2018.
- Mark F. Beck, "마사지 테라피", 이애순·장태수·전진호(번역). 메디시언, 2018.
- 권혜영·권혜진·김미령·김봉인·김수미·신규옥·안선례·윤미숙·함명옥, "NEW 피부과학". 메디시언, 2016.
- 김기영·김봉인·김영희·김은영·김주리·신규옥·정선희·정인경·주은령·최성임, "미용인을 위한 해부생리학(개정판)". 메디시언, 2022.
- 김미정·염윤정·장매화, "미용 경락", 구민사, 2020.
- 김배환·이인철, "알기 쉬운 화장품학", 정문각, 2010.
- 김성중·심정묘, "림프드레나쥐", 학지사메디컬, 2020.
- 김유정·이현실·김나영·안미령·최은영, "New 림프드레나쥐", 구민사, 2019.
- 김은화·오정숙·장현희, "피부미용학 이론 및 실습", 현문사, 2010.
- 김주덕, "최신 화장품학", 광문각, 2011.
- 리순화·박정연·신동화, "눈으로 배우는 경락경혈학", 대경북스, 2018.
- 손소희·신숙자·이재남, "한국형 배농테라피", 메디시언, 2018.
- 원경희·임은진, "골근 테라피가 안면 길이 및 비율 변화에 미치는 효과–20대와 40대 여성을 중심으로–", 한국미용학회지 20(3), 2014.
- 원경희·임은진, "골근테라피를 통한 20대, 40대 여성의 얼굴 형태 변화", 한국디자인문화학회지 20(2), 2014.

- 위경숙·위수영·임은진, "골근마사지가 중년여성의 복부비만에 미치는 영향", 한국미용학회지 19(4), 2013.
- 위수영·권혜진, "골근마사지가 얼굴 부피 축소에 미치는 영향", 대한피부미용학회지 9(3), 2011.
- 위수영·조찬휘·임은진, "골근 테라피와 경락 매뉴얼 테크닉에 의한 얼굴 윤곽 변화", 한국미용학회지 18(3), 2012.
- 이덕수·차유림·전재현·이명진, "경락 미용학, 자연미인을 만들기 위한 특효비법 성형경락", 군자출판사, 2016.
- 임은진·김명우·김정숙, "골근테라피가 골반 각도에 미치는 영향", 한국미용학회지 19(4), 2013.
- 임은진·안채리·김종란·주은령·최수기·하준호, "두피모발관리", 메디시언, 2021.
- 임은진·위수영·정다운·김성택, "안면 수기 마사지 후 안모의 변화", 구강회복응용과학지 28(1), 2012.
- 임진아·임은진, "족골근 골반라인 테라피가 여성 골반의 변화에 미치는 영향", 한국미용학회지 23(6), 2017.
- 정영애·강근영·김정숙·서승희·최미옥·최성임, "미용 경락", 메디시언, 2015.
- 정영태, "인체 해부 생리학", 청구문화사, 2003.
- 차유림·김영건·김지현·심영주·김성택, "편측성 교근비대 환자에서 편측 보툴리늄 독소 주사 후 안모의 변화", 구강회복응용과학지 27(2), 2011.

찾아 보기

ㅎ

기타

목적형 **피부관리 실습**

한국피부관리법 (골근)

1판 1쇄 인쇄 | 2022년 9월 20일
1판 1쇄 발행 | 2022년 9월 25일

지은이 | 위수영 · 임은진 · 송연숙

발행인 | 주병오 · 주민기

발행처 | 메디시인

경기도 파주시 회동길 209 (파주출판도시)
대표전화 : 031-955-2777, 031-955-7577
팩스 : 031-955-7730
홈페이지 : www.ji-gu.co.kr
E-mail : jigupub@hanmail.net
등록번호 : 2005년 2월 16일
제 406-2005-000045호

ISBN 979-11-90839-99-0 값 20,000원